城市环境管理与环境保护

李康奎　徐　尧　师荣梅　主编

汕頭大學出版社

图书在版编目（CIP）数据

城市环境管理与环境保护 / 李康奎，徐尧，师荣梅
主编 . -- 汕头：汕头大学出版社，2022.11
ISBN 978-7-5658-4875-9

Ⅰ．①城… Ⅱ．①李… ②徐… ③师… Ⅲ．①城市环
境－环境管理②城市环境－环境保护 Ⅳ．① X321 ② X21

中国版本图书馆 CIP 数据核字（2022）第 242033 号

城市环境管理与环境保护
CHENGSHI HUANJING GUANLI YU HUANJING BAOHU

主　　编：李康奎　徐　尧　师荣梅
责任编辑：黄洁玲
责任技编：黄东生
封面设计：姜乐瑶
出版发行：汕头大学出版社
　　　　　广东省汕头市大学路 243 号汕头大学校园内　邮政编码：515063
电　　话：0754-82904613
印　　刷：廊坊市海涛印刷有限公司
开　　本：710mm×1000mm　1/16
印　　张：12
字　　数：205 千字
版　　次：2022 年 11 月第 1 版
印　　次：2023 年 3 月第 1 次印刷
定　　价：46.00 元
ISBN 978-7-5658-4875-9

编委会

前　言

　　近年来，随着城市化建设步伐的加快，人们的生活水平日益提高。但城市中各种污染物的大量排放，导致城市环境质量急剧下降，且环境污染问题越来越严重。当前，城市大气污染、水污染、土壤污染、噪声污染等问题，都严重影响了城市居民的生活品质。虽然人们对环境的认知程度在逐渐提高，但是一些城市对环境管理和环境保护的重视程度不够，导致城市中存在很严重的环保问题。

　　我国城市环境管理存在一系列的问题，如没有明确管理目标、环境管理的过程当中缺乏完善合理的管理制度、环境管理的过程当中缺乏政府积极参与和合理引导，等等。近年来，我国对于环境保护方面的投入是有增无减，但环境问题严重的势头并未能得到有效遏制。事实上，环境保护仅仅关注人类环境活动的开始端和结束端是远远不够的，必须重视长期以来为大家所忽视的环境活动的全过程控制。无论从时间还是空间的角度来看，环境活动的全过程其所占的比例及其产生的影响都要远远高于两端。因此，我们必须加强过程控制，实行全过程、全员和全面的环境管理。另一方面，对环境保护不重视。导致这一现象的原因主要包括：相关部门对环境保护重视不够，企业技术开发投入严重不足，政策体系不够完善，监管、处理、打击、宣传、教育力度不够等。

　　环境保护的问题归结起来都是相对于"人"的问题，对于人类自身的思考是这些问题的最根本的出发点，在城市规划中研究环境保护问题，就是要寻求人与自然环境的和谐，为人类自身聚落环境的发展提供可持续的路线。因此，我们应该在环境管理和环境保护两个方面加大研究力度，这样才能实现城市与环境的和谐与可持续发展。本书站在城市环境管理与环境保护的角度上，对城市出现的一系列环境问题进行了系统剖析，并提出了部分具有建设性的建议和意见，对于发展与推进城市环境管理与保护具有非常重要的现实意义和理论价值。由于时间、水平有限，书中难免有疏漏之处，恳请广大读者批评指正。

目　录

第一章　环境管理与城市发展中的环境问题 ……………………………… 1

　　第一节　环境管理 …………………………………………………… 1

　　第二节　城市与城市化 ……………………………………………… 7

　　第三节　城市发展中的环境问题 …………………………………… 15

第二章　城市环境管理的经济手段及标准管理 ………………………… 29

　　第一节　城市环境综合管理及目标管理 ………………………… 29

　　第二节　城市环境管理的经济手段 ……………………………… 35

　　第三节　环境标准的管理 ………………………………………… 46

第三章　环评机构的依法治理及环境文件的法律保障 ………………… 55

　　第一节　环评机构的依法治理 …………………………………… 55

　　第二节　环评文件质量监督的法律保障 ………………………… 66

第四章　城市生态环境的保护 …………………………………………… 75

　　第一节　生态系统 ………………………………………………… 75

　　第二节　城市生态学与生态系统 ………………………………… 83

第三节　城市生态建设与生态环境的保护 ···················· 89

第五章　城市环境保护规划及开发利用 ······················· 96

第一节　城市环境保护规划及其特征、作用 ············· 96

第二节　城市地下空间开发利用中的环境保护制度 ·········· 104

第三节　城市节能与新能源的开发利用 ················· 112

第六章　城市环境治理理论研究 ···························· 120

第一节　城市环境治理内涵及理论基础 ················· 120

第二节　中国城市环境治理的基本现状与主要问题 ········· 128

第三节　城市环境治理的理论框架 ····················· 140

第七章　城市空气、污水及生活垃圾的治理 ·················· 154

第一节　中国城市空气污染地方治理 ··················· 154

第二节　中国城市污水治理模式 ······················· 166

第三节　城市固体废物的处理 ························· 171

结束语 ··· 181

参考文献 ··· 182

第一章　环境管理与城市发展中的环境问题

第一节　环境管理

一、环境管理的含义

20世纪中期以后，现代管理学的研究领域和方法都有了很大的改变，尤其是在近代数学的发展和新的计算手段的出现，促使管理学由质的管理转向对量的管理。理论与实践相互促进，使现代管理学进入了不断发展的阶段。然而，在管理学的定义上仍呈现"百家争鸣"的状况。这里本书选取几种学派观点，可概括为职能论、人本论、目的论、模式论、决策论、系统论等。管理定义的多样性，反映出人们研究管理问题的立场、角度、观点和方法的不同，也反映出管理学家的文化背景和管理经历的不同。同时，也说明人们随着管理实践经验的不断积累，对管理的认识在不断深化。

环境管理学是20世纪70年代初逐步形成的一门新兴学科，环境管理的思想来源于人类对环境问题的认识和实践。目前，要下一个广为人们所统一认识的定义尚为时过早，但人们已经通过多年来环境管理的实践，对其基本含义有了比较一致的认识。随着全球环境问题日趋严峻，国内外学者对环境管理的认识也在不断深化。根据国内外学者的研究成果，要比较全面地理解环境管理的含义，必须注意以下几个基本问题：

（一）协调发展与环境的关系

建立可持续发展的经济体系、社会体系和保持与之相适应的可持续利用的资源和环境基础，这是环境管理的根本目标。

（二）动用各种手段限制人类损害环境质量的行为

人在管理活动中扮演着管理者和被管理者的双重角色，具有决定性的作用。因此，环境管理实质上是要限制人类损害环境质量的行为。

（三）环境管理和任何管理活动一样，也是一个动态过程

环境管理要适应科学技术及经济规模的迅猛发展，及时调整管理对策和方法，使人类的经济活动不超过环境的承载能力和自净能力。

（四）环境保护是国际社会共同关注的问题

环境管理需要各国超越文化和意识形态等方面的差异，采取协调合作的行动。

二、环境管理的对象

环境管理学是一门具有边缘性、综合性、实践性特点的专业管理学科，是从管理学角度研究生态经济系统的结构和运动规律的学科。任何管理活动都是针对一定的管理对象而展开的。研究管理对象，也就是研究"管什么"的问题。随着现代管理的发展，管理思想空前活跃，管理学派林立。但从研究管理对象出发，基本上可分为两大流派：管理科学和行为科学。

管理科学也可称之为"管物说"，管理是为实现预定目标而组织和使用各种物质资源的过程，组织是由作为操作者的人和物质技术设备所组成的人——机系统。在这个人——机系统中，对各种投入的资源进行加工，转变为"产品或劳务输出"。"管物说"着重于数量研究，使管理精确化，其特点是以数学分析为基本方法，以电子计算机处理为基本手段，以最优化设计与选择为基本前提，保证人力资源和其他物力资源的合理使用，从而保证管理目标的实现。管理科学学派对管理学的发展做出了重大贡献，但是该学派将"人"仅作为被动的资源，而人的作用及管理者的活动又往往不能计量，不能模式化，所以，在综合有效的管理中，该学派理论的应用只能是一个方面，不能代替其他的管理理论与方法。

行为科学也可称之为"管人说"，是以人的行为作为研究对象。它研究人

们各种行为产生的原因及其规律性，分析各种因素对行为的影响，控制与改变人们的行为，为实现管理目标服务。行为科学是现代管理学的一个重要学派，它是相对于"管物说"——忽视人的因素而产生的。由美国哈佛大学教授梅奥创立的"人际关系学说"为后来的行为科学研究奠定了基础，对现代管理学的发展有着重要影响，促使管理发生了重大转变，即由原来的以"事"为中心的管理，发展到以"人"为中心的管理；由原来的对"纪律"的研究，发展到研究"行为"；由原来的"监督管理"，发展到"人性激发管理"；由原来的"独裁式管理"，发展到"参与管理"。

"物"也是管理的重要研究对象。按前述"管物说"的基本理论，环境管理也可以认为是为实现预定环境目标而组织和使用各种物质资源的过程，即资源的开发利用和流动全过程的管理。环境管理的根本目标是协调发展与环境的关系，这一目标要通过改变传统的发展模式和消费模式去实现，要求管理好资源的合理开发利用，管理好物质生产、能量交换、消费方式和废物处理各个领域。科学技术是生产力，环境保护需要依靠科技进步。从这个角度出发，大力发展环境科学技术，促进科技成果的推广和应用，无疑也是环境管理的重要内容。

资金是管理系统赖以实现其目标的重要物质基础，也是管理的研究对象。经济发展消耗了环境资源，降低了环境质量，但又为社会创造了新增资本。如果说，物的管理侧重于研究合理开发利用资源，保护环境资源，维护环境资源的持续利用，避免造成难于恢复的严重破坏，那么，资金管理则应研究如何运用新增资本和拿出多少新增资本去补偿环境资源的损失。为了增强综合国力和提高人民生活水平，我国必须实现持续快速健康的经济增长，同时，不能破坏经济发展所依赖的资源和环境基础。因此，资源、环境与经济政策必须相辅相成。随着我国向社会主义市场经济体制的转变，在政府的宏观调控下，市场价格机制应该在规范对环境的态度和行为方面发挥越来越重要的作用，这也应成为环境资源管理的重要内容。

信息系统是管理过程的"神经系统"，信息也是管理的重要对象。管理中的物质流、能量流，都要通过信息来反映和控制。只有通过信息的不断交换和传递，把各个要素有机结合起来，才能实现科学的管理。在环境管理信息系统中，不仅需要考虑信息的数量和完备性，也需要充分考虑信息的质量和一致性。发展和采用现代化的信息采集、传输、管理、分析和处理手段，将地理信息系统、遥感、卫星通信和计算机网络等高新技术应用于环境质量的监测、调查及评价中，建立环境管理信息系统和统计监测系统，将成为环境管理现代化的重要内容。

任何管理活动都是在一定的时空条件下进行的。环境管理的时空特性日益突出，则使时空条件成为其管理的研究对象。管理活动处在不同的时空区域，就会产生不同的管理效果。管理的效果在很多情况下也表现为时间节约。各种管理要素的组合和安排，也都存在一个时序性问题。按照一定的时序，管理和分配各种管理要素，则是现代管理中的一个重要问题。因此，时间是管理的坐标。管理学家德鲁克曾指出，时间是管理的最稀有和最特殊的资源。因为时间具有不可逆性，抓住时机、把握机遇是成功管理的关键。同时，空间区域的差别往往是环境容量和功能区划的基础，而这些时空条件又构成了成功管理的要旨。因此，对环境时空条件的研究，已成为现代环境管理的重要对象。环境管理，不妨从"环境"和"管理"两个方面分别来解析。环境具有四种角色或功能：一是资源提供；二是纳污；三是舒适性以及教育和文化价值；四是生命支持服务。其中，生命支持服务是环境最重要的功能，甚至无法包含在人类的经济体系之中，环境管理或许也只能针对前三类功能或角色。管理就是为了高效率实现某个目标，一个组织通过计划、组织、领导、控制等活动，将资源整合运用起来。管理最重要的应该就是目标、组织和规则。因此，环境管理就是首先确定环境目标，然后高效率、低成本或低代价地去实现这一目标。

三、环境管理的内容

管理的内容是由管理目标和管理对象所决定的。环境管理的根本目标是协调发展与环境的关系，涉及人口、经济、社会资源和环境等重大问题，关系到国民经济的各个方面，因此，其管理内容必然是广泛的、复杂的。从总体上说，可以按照管理的范围和管理的性质做以下分类。

（一）按管理范围分类

1.资源环境管理

自然资源是国民经济与社会发展的重要物质基础，分为可耗竭或不可再生资源（如矿产）和不可耗竭或可再生资源（如森林和草原）两大类。随着工业化及人口发展，人类对自然资源的巨大需求和大规模的开采及使用已导致资源基础的削弱、退化、枯竭。如何以最低的环境成本确保自然资源可持续利用，已成为现代环境管理的重要内容。资源环境管理主要包括以下内容：

（1）水资源的保护与开发利用。

（2）土地资源的管理和可持续开发与保护。

（3）矿产资源的合理开发利用与保护。

（4）草地资源的开发利用与保护。

（5）生物多样性保护。

（6）能源的合理开发利用与保护等。

2.区域环境管理

环境问题与自然环境及经济状况有关，存在着明显的区域性特征，因地制宜地加强区域环境管理是管理的基本原则。如何根据区域自然资源和社会、经济的具体情况，选择有利于环境的发展模式，建立新的社会、经济、生态环境系统，是区域环境管理的主要任务。区域环境管理主要内容包括：城市环境管理流域环境管理、地区环境管理、海洋环境管理、自然保护区建设和管理、风沙区生态建设和管理等。

3.专业环境管理

环境问题与行业性质及污染因子有关，存在着明显的专业性特征。不同的经济领域会产生不同的环境问题。不同的环境要素往往涉及不同的专业领域。有针对性地加强专业化管理，是现代科学管理的基本原则。如何根据行业和污染因子（或环境要素）的特点，调整经济结构的布局，开展清洁生产和生产环境标志产品，推广有利于环境的实用技术，提高污染防治和生态恢复工程及设施的技术水平，加强和改善专业管理，是环境管理的重要内容。按照行业划分，专业管理包括工业、农业、交通运输业、商业、建筑业等国民经济各部门的管理，以及各行业、各企业的环境管理。按照环境要素划分，专业管理包括大气、水、固体废弃物、噪声，以及造林绿化、防沙治沙、生物多样性、草地湿地、沿海滩涂、地质等环境管理。

（二）按管理性质分类

1.环境计划管理

计划是为实现一定目标而拟定的科学预计和判定未来的行动方案。计划主要包括两项基本活动，即确立目标和决定实现这些目标的实施方案。计划能促进和保证管理人员在管理活动中进行有效的管理，计划是管理的首要职能。环境计划管理的主要任务是制定、执行、检查和调整各部门各行业、各区域的环境规划，使之成为整个社会经济发展规划的重要组成部分。

2.环境质量管理

保护和改善环境质量是环境管理的中心任务，环境质量管理是环境管理的核心内容。质量管理是指组织必要的人力和其他资源去执行既定的计划，并将计划完成情况和计划目标相对照，采取措施纠正计划执行中的偏差，以确保计划目标的实现。它是环境管理的组织职能和控制职能的重要体现，为落实环境规划，保护和改善环境质量而进行的各项活动，如调查、监测评价、检查、交流、研究和污染防治等都属于环境质量管理的重要内容。

3.环境技术管理

环境管理需要综合运用规划法制、行政、经济等手段，培养高素质的管理人才，采用先进的管理手段，建立和不断完善组织机构，形成协调管理的机制。要实现这一目标，我们必须不断健全环境法规、标准体系，建立现代管理体系，建立环境管理信息系统，加强环境教育和宣传，加强科学技术支持能力建设，加强国际科技合作和交流。而这些活动就构成了环境技术管理的主要内容。简而言之，加强技术管理就是加强技术支持能力建设，依靠科技进步，实现规范、有效、科学的管理。

应该指出，以上按管理范围和管理性质所进行的管理内容分类，只是为了便于研究问题，事实上，各类环境管理的内容是相互交叉渗透的关系，如资源环境管理当中又包括计划管理、质量管理和技术管理的内容。所以说，现代环境管理是一个涉及多种因素的综合管理系统。

第二节　城市与城市化

一、城市

世界正在经历快速的城市化，其速度之快前所未见：城市化在过去40年间所取得的进步，相当于此前4000年的总和。世界的文明与发展无不与城市密切相关，而城市广泛存在于世界上所有的国家，它在人们的生产生活中处于中心地位，并起着主导的作用。

（一）城市的基本内涵

基于不同的观察角度和研究目标，人们对城市有着不同的理解与认知。从地理学的角度来看，"城市是一种特殊的地理环境"。从经济地理学的角度看，城市的出现和发展与劳动的地域（地理）分工的出现和演化分工密切相关。社会学侧重研究城市中人的构成，行为及关系，把城市看作生态的社区、文化的形式、社会系统、观念形态和一种集体消费的空间等。经济学认为所有城市的基本特征是人口和经济活动在空间的集中。城市经济学把各种活动因素在一定地域上的大规模集中称为城市。生态学把城市看作人工建造的聚居场所，是当地自然环境的一部分。建筑学与城市规划认为城市是由建筑、街道和地下设施等组成的人工系统，是适宜于生产生活的形体环境。

上述各种解释从不同的侧面概括出了城市的内涵，还不能概括城市本质。不仅如此，城市本身就是一定时期政治、经济、社会及文化发展的产物，它总是随着历史的发展而变化。从城市规划的角度而言，城市是一个以人为主体，以空间有效利用为特征，以聚集经济效益为目的，通过规划建设而形成的集人口、经济、科学技术与文化于一体的空间地域系统。

一般意义上讲，城市就是与乡村相对的概念，城市是由乡村聚落发展而来的新的聚落。城市具有比乡村更高的人口密度和更大的人口规模；在城市产业构成中，以第二、三产业为主；城市一般是一定地域内的政治、经济、文化中心，担负着国家相应层级的行政管理职能；城市生产、生活等物质要素在空间上的聚集强度是乡村地区远不能比拟的。

城市常常被划分为不同的种类与级别。基于人口的多寡和规模的大小，城市被分为不同级别，如大、中、小城市等；基于城市的功能不同，形成各种类型的城市，如首都或省会等行政中心、服务中心城市、卫星城市等；按照城市主导产业的不同，城市可以分为工业城市、商业城市、旅游城市、矿业城市等。

我国政府对于城市的界定主要依靠规模和行政制度两个标准。对于城市的规模标准，《中华人民共和国城市规划法》中界定："大城市是指市区和近郊区非农业人口在十万以上的城市。中等城市是指市区和近郊区非农业人口二十万以上、不满五十万的城市。小城市是指市区和近郊区非农业人口不满二十万的城市"。

（二）城市的形成与发展

1.城市的起源及雏形

城市的起源是第一次社会分工的结果。距今12000～10000年前，农业逐渐从畜牧业中分离出来，人类完成了第一次社会分工。第一次社会分工使人类的居所逐渐趋于稳定，形成了最初的原始聚落。农业同畜牧业的分离、原始固定居民点的诞生、生产品的剩余，就逐渐转变为交换经济的萌芽。在那些固定居民点中，就出现了原始手工业，又出现了市场。这种形式不仅日益固定下来，并且得到进一步的发展，原始的城市便出现了。不过，城市的最终形成还需要一定外在条件与内在因素，可以从经济与社会这两个方面寻求答案。从经济因素来看，城市出现的直接因素是第二次社会分工（手工业与农业的分离）以及第三次社会分工（商业与手工业的分离）。从社会因素来看，早期的人类对死者和神灵的崇拜是城市形成的重要因素之一。人们需要一个固定的交流感情和安慰精神的地方，就可能或已经成为早期城市的胚芽。产生城市的因素还有战争、法律等。因为城市所聚集的财富必然成为掠夺的对象，人们为了保护自己，只有不断地加强防御和掠夺者对抗。精心构筑的要塞、城墙、运河及其他防御设施，还有专业的军队等，都是从原始城市开始积累的结果。在城墙的包围下，市民们有了一个共同的生活基础，一种共性，包括共同的法律、共同的经济环境、共同的文化背景等。

当内外部因素成熟的时候，城市的雏形就逐渐形成了。

2.城市的发展与演进

现代西欧各国的城市，大多数都是在中世纪末至近代初形成的。很多欧洲城市的历史不过三四百年。从十八九世纪开始，西方发达国家的城市受到工业革命的推动而加速发展，城市数量的增长异常迅猛。这一时期发展最快的城市就是各国首都及地方行政权所在城市，如法国的巴黎，意大利的都灵、罗马，英国的伦敦、诺里奇，西班牙的马德里，葡萄牙的里斯本，德国的柏林等。早期的工业城市一般不如政治中心或港口城市发达，而19世纪以后发展最快的当属新兴工业城市，如英国的曼彻斯特、伯明翰，美国的芝加哥、波士顿，法国的里昂，德国的莱比锡、鲁尔地区等。从20世纪40年代起，以大伦敦区为首的发达国家出现了逆城市化现象，即人口从大城市向中小城市和农村地区迁移。现代西方国家城市发展特点日益多元化，生态城市、创意城市理念与传统大城市、城市群形态并存，各种城市规划理念在城市发展历程中得以体现。

我国是世界上城市发展历史悠久的国家之一，也是世界上城市最多的国家。中国是世界城市发源地之一，距今约5000年前开始出现早期城市。先秦时期，大批城市的出现使各国统治者为建立政治中心、军事据点，这些据点和中心由城郭围起来，聚集了大量的人口。春秋战国时期，郡县制实行，由此也成为新兴封建地主阶级的政治统治中心，城市及其网络得以形成和发展。秦汉统一中国后，城市仍继承了先秦城市的特性，秦始皇把全国分为三十六郡，郡下辖县，使县城数目陡增，主要分布在黄河中下游地区和江淮地区。秦汉时期，不仅行政中心城市得以发展，而且导致了一批商贸城市的兴起与繁荣。据史书记载，当时临淄、洛阳、邯郸、宛、成都是长安以外并称的五大商贸中心。魏晋、南北朝、隋唐时期，由于商品性农业更加发达，从而促进了手工业的发展，兴起了一批以新兴手工业为主的城市，如纺织中心的定州（河北定县）、宋州（河南商丘）、益州（成都）等；陶瓷中心的越州（绍兴一带）、洪州、昌南镇（景德镇）等；制茶中心的安徽祁门等。中唐以后，兴起了以商品流通为主的河港城市和以对外贸易为主的海港城市。前者如长江流域的下游扬州、中游鄂州，黄河流域的汴州，大运河沿线的余杭（杭州）、吴郡（苏州）、楚州（淮安）、宗州（商丘）等。后者如广州、泉州、潮州、福州、温州、明州（宁波）及上海松江等。宋元时期，都城的聚集中心开始从西向东、从南向北转移，同时也逐渐形成了政治中心和经济重心南北分离的格局。在宋代，由于农村商品经济和城市经济的发展，城市的经济职能也得到了加强，许多原先以政治职能为主的城市，逐渐也具有了经济职能。杭州、扬州、镇江苏州、集庆（今南京）、庆元（今宁波）等都是当时发达的商业城市，上海也从南宋时期的镇升级为县，成为新兴商埠。这一时期的经济型城市大体有工商型城市、商业型城市、手工业型城市。同时，宋代由于海外贸易的发达，东南沿海地区海港城市获得了进一步的大发展。其中，泉州堪称"世界最大港口"。明清时期，城市数量有大幅度增加，"明朝全国有大中型城镇100个，小城镇两千多个，农村集镇4000～6000个"。该时期，一些工商业城市还出现了资本主义萌芽，这在一定范围内和一定程度上引起城市性质的变化。城市规模、城市类型等都与明朝以前有较大变化，出现了手工业较集中的生产中心城市（苏州、杭州）、商业集中城市（扬州、汉口）、行政中心城市（北京、南京）、对外贸易城市（广州）、边塞海防城市（宁海、天津卫）。由于明清时代陆上、水上交通都很发达，形成了大中小城市和集镇联系起来的统一市场，以北京为中心，连接到边境城镇。

城市在区域上分布不均，20世纪上半期中国城市90%都是集中在东经102°以东的地区，且主要分布在5条线上：东南海岸线、京哈铁路线、京广铁路线、长江沿岸和陇海铁路线。位于两条交叉点上的城市，发展为全国性的或地区性的政治、经济、文化中心，如上海、天津、北京和广州；其他大城市也多分布于这5条线上，如南京、青岛、大连、长春、沈阳、西安、重庆、成都、郑州等。但是经过抗日战争和解放战争，城市建设受到了破坏，城市规模和数量也下降。工矿业的发展，带来了工矿城市的出现。上海、天津、武汉、青岛、广州等成为中国近代工业五大城市；抚顺、唐山、焦作、大冶、萍乡、玉门等成为中国近代矿业城市的代表。中华人民共和国成立后到改革开放前，城市处于缓慢发展状态。在改革开放的新形势下，中国城市化速度比世界平均速度还快，20世纪中叶至今出现了香港、上海、北京等世界城市。人类技术进步促成了城市的产生，推动了城市的发展，可以预见，科技进步与创新对城市未来发展仍然将会发挥决定性的作用。

进入21世纪，随着以信息技术为主的高新技术的兴起，并由此而出现的知识经济、经济全球化和信息化等浪潮将城市的未来发展推向全新的境地。2022年，华顿经济研究院发布2022年中国百强城市排行榜，这是自2015年以来的第八次，榜单以 GDP总量排名前110位的地级及以上城市作为年度入围城市，按照其硬经济指标（权重0.618）和软经济指标（权重0.382）综合得分进行排序，取前100位作为年度上榜百强城市，北京以95.23的综合分值排名百强城市第一。从榜单排行来看，排名前十强的城市依次是：北京（95.23）、上海（91.38）、深圳（80.17）、广州（77.68）、杭州（77.02）、南京（75.96）、苏州（72.65）、武汉（71.44）、成都（67.89）、天津（67.46）。

二、城市化

城市是地球表层物质、能量和信息高度集中的场所，是人类大量集中居住的主要地域空间，是一个国家或者地区的政治、经济和科技文化中心。城市化是人类社会发展的必然趋势，也是一个国家走向现代化的必经阶段。

（一）城市化的内涵和本质

城市化一词源于英文Urbanization，其词头Urban意为都市的、市镇的，其词尾表示行为的过程。至于"城市化"一词，最早出现在1867年西班牙工程师A.Serda的著作《城市化基本原理》中，20世纪70年代末，"城市化"的概念被引入我国。1983年，我国城市规划设计研究院主持了题为"若干经济较发达地区城市化途径和发展小城镇的技术经济政策"的研究课题，该课题曾对"城市化"这一概念的内涵作了初步的界定，指出城市化是一个国家社会经济发展到一定阶段必然出现的历史发展过程，是全球性的社会现象，这种现象突出表现为农业人口向非农业人口乡村人口向城市人口的转化与聚集。

由于城市化过程本身的复杂性和城市化研究的多学科性，对城市化概念的界定，一直是众说纷纭。从一般意义上讲，人们普遍接受的"城市化是指农业人口向非农业人口转化并在城市集中的过程"这一说法。但不同学科对城市化的理解不同。经济学通常从经济与城市的关系出发，强调城市化是从乡村经济向城市经济的转变；地理学强调城市化是居民部落和经济布局空间区位再分布，并呈现出日益集中化的过程；人口学则认为城市化是农村人口逐渐转变为城市人口的现象和过程；社会学家认为城市化意味着从农村生活方式向城市生活方式发展、质变的全部过程。我国《城市规划基本术语标准》中把城市化定义为人类生产和生活方式由乡村型向城市型转变的历史过程，表现为乡村人口向城市人口转变以及市政设施不断发展和完善的过程。

综上所述，以上各学科对城市化内涵的理解都是从各自学科领域出发而做出的解释，都有较强的理论基础，能帮助人们更加深化和更加全面地理解和研究城市化问题。

（二）城市化的实质与核心

城市化作为社会经济的综合转化过程，涵盖人口流动、地域景观、经济、社会、文化发展等多方面的内容。而且随着社会、经济、文化的发展，城市化的内涵也在发生着变化。从发达市场经济国家城市化的进程我们不难看出，"人口的转移和人口的集中"只是城市化的表现形式和主要前提；而"经济活动的集聚"则是城市化的主要内容"社会经济结构的转变"才是城市化的实质与核心。

1.人口的转移和集中是城市化的重要前提

城市化首先表现为人口的大规模迁移和集中的过程，也就是人口从平面无限分散向有限空间集聚的过程。具体地说，就是农村人口转变为城市人口的过程。它是随经济发展和社会进步自发形成的、不以人类意志为转移的客观过程，是农村的强大"推力"和城市的强大"拉力"共同作用的结果。推动农业人口转移的主要力量源自两个方面，一方面，农业劳动人口迅速增加和农业中主要生产要素土地资源有限性的矛盾迫使农业人口向农业以外的产业部门转移。另一方面，农产品收入弹性较低的现实促使农业劳动者向非农产业转移。从城市"拉力"方面看，城市经济规模的扩大，特别是城市第三产业发展所带来的较高的收入水平、更加方便和舒适的城市生活等，无不极大地吸引着农村剩余劳动力和农业人口向城市迁移。城市化并不仅仅是农村人口向城市单向转移的过程，实质上也是人口多维流动的过程。当社会生产水平发展到一定阶段以后，它既包括农村人口向城市的转移，同时也包括城市人口向农村或郊区转移的逆流过程。

2.经济活动的集聚是城市化的主要内容

尽管人口迁移是城市化过程中的必然现象，但它却不是城市化的主要内容。城市化必然还是一个经济活动和资源要素集聚的过程。随着人口大规模向城市集中，经济活动同时集聚于城市之中。这种经济活动集聚主要表现在以下几个方面：

（1）要素的集聚

无论是人力资本，还是物质资本，都会不断地集聚于城市。

（2）生产的集聚

生产的集聚首先表现为第二产业的集聚，随后表现为第三产业的集聚。

（3）交换的集聚

这是因为城市不仅能为人们的交换提供功能完备的市场体系和交换所需的各种中介服务机构，而且还能提供交换所需的便利的交通条件和灵通的信息条件。

（4）消费的集聚

人口集中、产业集聚和交换集聚，必然使消费活动集聚。

3.社会经济结构的转变是城市化的实质与核心

不管是人口的集聚，还是经济活动的集聚，城市化的本质是通过追求聚集效应而改变社会经济结构和人们的生产方式、生活方式，最终实现城市现代化，提高人民的生活水平。

（1）城市化有利于推动农业生产的发展。在城市化过程中，随着大量的农业劳动力不断进入城市，一方面促使农村土地的使用日益集中，农业的生产规模不断扩大，加上生产技术和劳动工具的进步，农业生产力大为提高；另一方面，随着城市的扩大、城市人口的增加以及城市人口生活水平的不断提高，人们对农副产品的需求也随之增长，由此刺激着农业生产的进一步发展。

（2）城市化必然带动工业化的发展。人口向城市的聚集，一方面扩大了城市消费市场的规模，扩大了对工业制成品的需求，而这种市场的扩大，必然刺激日用工业品和耐用消费品的生产；另一方面，农业的发展和农业生产力的提高，不仅满足了城市生活必需品的需要，而且为工业的发展提供了劳动力资源，因为众多的城市人口拥有不同的生产技能，为不同企业招收管理人员和生产工人提供了多种选择。

（3）城市化促进了商业、金融、贸易等第三产业的兴起。城市作为聚集的中心，在劳动技术、资金、交通运输、通信设施、市场容量、人力资源以及居住条件等方面，比周围地区拥有更多的优势，这就使得生产活动不断向城市聚集，从而产生聚集的规模效应和经济效益。人口的聚集为第三产业的发展提供了可能，而经济活动聚集所带来的规模生产活动产生了对供电、供水、公路、铁路、通信等基础服务设施的需求，为第三产业的兴起提供了必要条件。

（4）城市化在带动农业与工业发展、促使产品的种类与数量大大增加从而丰富城市居民物质生活的同时，通过促进第三产业的发展，极大地带动了科学、文化、娱乐、教育等设施的建设，丰富了城市居民的精神生活，物质、精神两方面的丰富也就意味着人民的总体生活水平得到了提高。

4.城市化不只是农村向城市的单向转移过程

城市化既包括了城市的成长，也包括了农村的发展，城市化是农村和城市之间的多维互动过程，一方面农村的劳动力资源与技术等要素向城市流动，造成了农村生产方式和就业结构的变化；另一方面，城市先进的生产力向农村扩散、渗透和辐射，使农村生活方式、思维方式和行为方式城市化。在城市化过程中，单方面地强调农村的发展或是城市的成长，都是不正确的。

5.城市化是一个连续不断的历史过程

城市化是一个连续不断的历史过程，主要有以下两方面原因：一方面，城市化是社会现代化的基本特征之一，社会现代化的连续不断性决定了没有一劳永逸的城市化；另一方面，城市化只能消除农业和城市产业间生产方式的差距，消除城乡差别，而不能消灭农村。人类的生产和发展离不开农业，农村和城市在人类社会中都将长期存在和发展下去。在今后进入高度城市化阶段以后，虽然城市化的速度会有所减缓，但这并不排斥城市化过程的长期性和连续性。到那个时候，城市化的主要任务将是城市与农村的融合和协调发展。

城市群是城市化发展到一定阶段的必然产物，它是科技进步和规模经济效益促使工业和人口在空间上进行聚集和扩散的结果。从空间上经济活动的扩展演化规律来看，当城市发展到一定规模时，"点"就会变为"线"或者"面"，从而形成都市圈或"都市带"；从内部机制上分析，在各城市间的联系需要大于各地区与各地区的联系需要时，它们具有互相吸引的功能，进而形成了都市圈；从城市规模上看，随着各大城市功能的日益丰富与完善，卫星城的兴起也成了都市圈形成的重要因素。

第三节　城市发展中的环境问题

一、城市环境问题的影响因素

城市的发展过程中，城市的发展受到诸多因素的制约，其中最重要的是城市规模的扩大、城市的空间和工业的改变、城市的经济发展、城市发展方式的转变、城市管理体制的改进、科技的发展等，各个影响因素之间相互作用。例如，城市的发展在空间上表现为总量规模（人口和用地）和内部结构（空间形态及布局）的理性和有序变化。城市规模的合理增长及有序的空间形态结构是促进城市可持续发展的两个重要因素。两个方面相互联系、相互影响，基于环境容量的城市规模的扩张必然导致城市空间形态和结构不断变化，一定的城市形态结构又反过来影响城市的环境容量，并导致城市规模的变化。

城市环境问题的产生源于城市社会经济发展与城市生态环境的不协调，资源利用不合理。具体说来，其原因主要有三：一是城市发展规模不断扩大，城市人口增长的规模和速度远远超出了城市环境承载力和城市环境容量；二是城市产业结构加速升级，而资源的利用率偏低，增加了废弃物排放的可能性；三是城市经济发展水平迅速提高，尤其是发达国家"高生产、高消费、高污染"的过度奢靡的经济政策，浪费了大量的资源，同时，减弱了城市生态系统的调节能力。

（一）城市发展规模

城市规模是一个综合概念，包括人口规模、用地规模、经济规模、基础设施规模等，人口和用地规模是基础，是城市规模研究的主要对象。如何定位一个城市规模的大小是否合理，是一个长期以来在学术界和实际工作上都没有达成一致共识的问题。城市发挥聚集效应和规模效应的前提是具备一定的规模，但是无序扩张又会导致发展的不可持续性，因为，城市的规模大小是与城市可持续发展呈负相关关系的。

在城市聚集效应的作用下，随着城市规模的扩大，生产效率随之提高，当城市规模到达一定的程度时，治理拥堵、环境保护、治安维护等其他费用又会增加，此时聚集效应带来的经济效益大部分又会和新增的费用相抵消，会发生生产效率下降的状况。固然科技进步能够缓解这种下降的趋势，但是却无法从根本上改变这种规模过大带来的规模不经济，而这又与可持续发展的要求相悖。

一般说来，城市的发展规模和生态环境之间存在一种负相关的关系。因此，城市规模的无限扩张，一旦超过城市规模的最大承载量，就会导致环境严重污染的恶果，最后导致城市越来越不适宜人类生产和生活。与城市规模和生态环境的关系不同，城市规模与居民享受的福利是成正相关关系的，但是，这个增长率是递减的；当城市规模超过一定的极限后，城市居民的平均生活费用将会随着城市规模的扩大而上升，原来因为城市规模扩大产生聚集效应所带来的福利也下降了。反之，城市规模过度扩张带来的交通拥堵、生态环境质量下降、居住条件下降也会导致居民的生活质量的降低。与此同时，大城市较高的犯罪率、治安不稳定、居民幸福指数不高，城市的社会效益也不高。因此，城市发展过程中也不应盲目扩张城市规模，这种盲目地扩张也会影响城市的可持续发展。

如果一个城市规模过大，会导致外部成本（或负外部效应）上升，比如超大城市外部成本至少有相当一部分需要由政府负担，不会由个人或者企业负担；但是城市规模大使居民和企业更多地感受正外部效应（如就业机会多、薪酬待遇好、生活条件好、投资回报率高等）。对居民而言，城市规模扩大会带来负外部效应，如物价高、环境污染严重、交通成本高等，这会导致收益成本负担不对称。在这种情况下，过度引入资金、人口流入过多，会使城市超过一种"最优规模"，净收益下降。因此，在存在外部成本和外部收益时，最重要的依然是市场自发调节，而这种调节也并不总是导致最优的结果，必须以一些鼓励公平竞争的行政性措施为前提。而且，这种城市规模的无限扩张也会使环境污染的程度加深。

从经济发展的角度上说，非发达国家只有把资源配置在高效率的地区，才能实现经济增长，保证城市发展的规模，提高经济产出效率。我国是典型的发展中国家，依然是把城市规模扩张作为经济发展的基础，特别是在东部沿海的城市和大型城市。随着市场化的不断推进，会有越来越多的资本、人力、技术等生产要素流向城市，这就带来了更多的原材料需求、能源需求，伴随的还有更多的废弃物排放。从人口角度而言，我国是世界上人口最多的国家，人口基数大。单从人口增长来说，对资源和环境要求的压力就特别大。我国目前在城市化进程中遇到的环境污染问题，大部分都是与人口规模有关。由于农村土地有限，无法实现完全就业，在城镇就业机会多的吸引下，越来越多的农村人口移动到城市，随之而来的还有大量的废弃物排放，城市环境管理面临巨大的挑战。

城市规模并不是越大越好，一个城市规模的盲目扩大，在其功能被进一步拓展的同时，也有可能使其功能被退化或丧失。这种双面性表现在以下两个方面：一方面，城市人口规模扩大，直接导致城市对土地、水等自然资源的需求的增加。同时，城市人口规模的扩张带来城市劳动力供给增加，供给曲线向右移动，如果需求不发生变化，必然偏离均衡点，失业人口将增加，随之而来的就是贫困、犯罪、治安不稳定等各种社会问题。另一方面，随着城市人口规模的扩大，城市建设规模也将快速扩大，在建成区范围内，各种基础设施的建设也需要大量的建设资金。城市建设资金需求的扩张无疑挤占了城市信息化、现代化建设资金。上述问题与广大市民希望不断提高城市的环境质量的需求是矛盾的。因此，要合理制定城市规模，不应该盲目扩张，城市规模的扩张速度应该是与整个社会的经济、环境等的发展速度相协调的。

（二）城市发展结构

1.城市扩展的空间结构

与乡村不同的是，城市以人工环境为主体。城市空间结构，是指城市经济社会物质实体在空间分布上形成的广泛联系的体系。城市空间结构是城市经济、社会结构在空间上的投影，是社会经济存在和发展在空间上的具体形式。从经济地理学的角度上说，节点、通道和网络构成一个空间结构。在这里节点主要指城镇。在城市空间配置的变迁中，优良的城市空间结构能使城市土地资源配置效益最大化，社会资源有效利用，进而实现良好的经济、社会、环境效益，促进城市的和谐发展。城市规划的作用是可以调控这种系统的空间结构，使这种空间结构合理有序，进而实现城市发展和生态环境相协调。因此，科学规划城市的空间结构是十分必要的。

空间结构的优化不仅能使城市的集聚效应达到最大化，还可以使地尽其用，同时生态与景观也得到了有效的保护和建设。城市空间的经济、生态效益等核心问题能够得到解决，城市居民生活质量能够得到提高，城市规划在这个过程中起了很大的作用，它可以实现城市发展的可持续性。要素空间布局的调控是指调控资源、资本、土地、劳动力等这些影响城市空间结构的要素，使它们能够合理地布局。城市的空间布局结构和经济发展结构之间有密切的联系，具体体现在以下两个方面：

（1）城市经济结构不同，城市布局资源聚集利用的类别也就不同，土地区位不同，资源的聚集状况、土地利用结构和空间分布都会有所不同。

（2）城市的空间结构实质上就是资源在空间上的聚集和配置，决定着城市的经济能否进一步发展。如果城市空间结构处于最优化的状态，就能最大化城市的聚集效应。与之相反，如打破了城市空间结构的均衡状态，就会导致聚集效应下降，提高居民生活成本和工厂生产成本，如果不能及时地调整，城市发展就会出现衰退的情况。

2.城市内部的产业结构

城市的发展是伴随着工业化的进程而产生的。尽管城市是经济、环境、社会、文化的综合空间，但其中最关键的发展动力还是产业。只是产业有不同的表现形态，产业升级的阶段也有所不同。实际上，城市的产生与发展过程就是集聚经济的产生与演变过程，也是经济社会活动空间积聚与扩散的结果，它总是处于集聚力与扩散力的相互影响和相互作用中。城市空间是除了农业以外的第二、第三产业的空间载体，城市的区位和规模制约着产业的量能和结构，而第二、第三产业则表现了城市空间的经济形式。产业发展带来产业集聚，进而形成一体化的产业空间，产业空间再进一步深度城市化，上升为城市空间，这也是产业发展推动城市空间扩张的一种基本方式。然而，在我国的城市化、工业化发展进程中，只是空间的扩展是不够的，对产业布局的优化升级则更为重要，合理的产业布局能够促进可持续发展，否则就会产生消极的影响。

一般而言，无论在时间上还是空间上，城市发展和工业化都是相伴而生的，在工业化时期，城市规模和城市空间结构变动最快。伴随着工业化水平的提升，社会生产迅速扩大，城市的劳动力需求也大幅扩大，这就导致农村人口向城市的转移；与此同时，工业生产同时也带来了农业生产率的大幅提升，于是农村劳动力就会产生富余，为城市和工业的扩张提供大量劳动力资源。工业化、城市化就形成了良性的互动关系，互为条件、互相促进。在1975年，著名的经济学家钱纳里和塞尔昆提出了城镇化和工业化的发展关系模型。这一模型指出，在一个相当长的历史阶段，城镇化和工业化有较为明显的正相关性。产业结构的效应主要有产业间的比例结构，产业组织结构和产业空间结构，等等。

（三）城市经济水平

城市发展与城市环境存在着交互耦合的关系，其矛盾主要表现在城市经济发展与城市环境的关系上。不同的经济发展水平决定了不同的城市环境水平。按照经济发展的不同时期，可以将城市发展与城市环境的阶段分为低水平协调、加剧不协调、调整和高水平协调四个阶段。

1.传统农业经济——低水平协调

城市的出现是伴随着社会生产力的提高而产生的。由于"社会生产力提高，流动生产力增多，分工范围不断扩大，商品的生产和交换不断发展，使得人类的居住点从原始的居民点分散成为城市和农村两种性质不同的居民点"。在这个过程中，经济发展的初期是农业占社会经济主导地位的农业社会，社会生产力水平低，经济增长缓慢，城镇的功能单一。城市功能一般表现在：它是整个区域的行政管理中心、军事中心。相比较而言，此时的城市经济功能弱，基础设施建设不足，与农村的差别不大，对环境的直接作用弱。

随着城市的发展，商品经济不断发展。在这个阶段，人们的认识水平还有很大局限，技术也比较落后，同时自然资源丰富，环境承载能力强，这一时期对自然资源的开发利用强度并不大，仅仅以土地开发利用和劳动力投入为主。城市对环境的影响也是直接作用于基础层面，且作用较弱，此时处于人的共生状态。城市与环境处于低水平协调状态，在基础层面还保持着原始状态。城市经济发展水平低，自我发展能力弱，专业水平低、商品经济落后，市场规模小；改造与破坏自然的能力有限。生产力水平低，导致经济资源结构的结合中，经济结构规模偏小，资源的结构规模偏大，城市和环境的相互作用的空间狭小分散。随着生产力水平提高，部分地理要素，如土地、水源、资源等偏向于集中分布，多种多样的城市开始慢慢形成和发展，城市的空间范围有逐渐扩大的趋势，但是仍然要受自然条件限制，主要城市还是依托于自然资源，分布在农业相对发达的区域，通常是交通便利或者是水源条件好的地区。总之，这一时期，没有完整的系统，城市分散布局，城市发展依然是以小城镇为主，缺乏大中型城市。

2.工业化初中期——不协调加剧

工业革命的出现是一个重大的转折点，工业革命极大地提高了社会生产力，带来了资本向少数人的集中，不仅是物质文明还有精神文明的极大进步。工业革命还带来了产业结构的变化，从农业为主转向以工业发展为主，同时，产业结构在人口分布上也产生了相应的变化，大量的劳动力流向第二、第三产业，城市的聚集效应不断增强，推动城市发展。城市开始成为各种经济活动的主要发生地，人力、资本、资源等生产要素也开始向城市聚集。正如马克思的那句名言："城市本身表明了人口、生产工具、资本、享乐和需求的集中；而乡村里所看到的却是完全相反的情况：孤立和分散。"这一时期，城市的空间分布也不像是以前的分散分布，开始集中发展，城市职能也开始向生产性职能转变，加强了城市化与生态环境的系统联系。

（1）相互作用的范围更加广泛

伴随着工业革命的开展，社会生产力提高，城市和周边的经济联系愈加紧密，产品的进出口、资本的流入流出、技术的引进与外流、劳动力的流入流出，这些都使得城市与周围地区的经济联系更加紧密，进而成为一个综合有机体。

（2）作用强度不断增大

工业发展向城市中聚集，如果只是一味追求经济的增长，而忽视资源和环境问题，必然造成资源浪费，环境污染，交通拥堵，治安不稳，犯罪率提高，城市管理费用增多等一系列的"城市病"。

（3）作用的深度和广度剧增

伴随着人们的认识水平的提高，对资源的开发程度不断深化，可利用的自然资源范围也越来越广。此时，城市已经发展成为区域的经济、行政、信息、文化中心，在生产要素方面影响城市环境，居民的生活方式和价值观念也影响着城市环境保护水平。

（4）不协调趋势加剧

站在"经济人"的角度，人类总是追求利润最大化的，从而忽视在经济发展过程中出现的环境问题，人类对自然的认知不足，科学技术水平低等一系列因素也加剧了城市发展和城市环境问题的不协调。

3.工业化后期——调整阶段

在工业化发展后期，伴随着第三次科技革命，生产力水平得到了极大提高，科学技术飞速发展，城市经济的产业结构也从工业为主转变为第三产业为主。工业结构也不再是以传统的重工业为主，高新技术产业的比重也越来越大。第三产业也逐渐转向高层次的金融、信息等现代服务业。产业结构呈现出合理化与高度化的统一。城市发展也开始出现郊区化的趋势，城市职能也趋向于国际化、知识化和生态化。

（1）城市和环境的相互作用范围进一步扩大，强度也出现柔性化趋势

城市成为人类主要的居住区，服务功能得到强化，成为第三产业的中心。在空间组织上出现了集中与分散并存的形式。工业发展采用集约化的增长方式。工业集中布局也带来了规模效应，提高了能源和资源的利用效率。城市环境污染速度开始下降。

（2）城市对环境的胁迫效应依然占主要地位

城市政府采取了一系列措施如中心区改造、优化环保设施空间等来改善城市发展与生态环境的关系。但是工业化后期依然是城市发展的高潮。城市发展中的人口高密度、土地扩张等依然对环境胁迫作用很强。工业化发展带来的"城市病"依然不能得到彻底解决。人们已经开始意识到生态环境的重要性，主张经济发展要尊重经济规律，注重生态环境的保护，开始建设园林城市、生态城市等，生态环境恶化减缓。

4.信息化社会——高水平协调

21世纪末一场信息革命对世界的发展产生了深远的影响。在信息革命的影响下，产生了新的产业空间布局，在这种新的产业布局下，劳动力分配、生产扩散、选址灵活等已经成为决定性因素，直接影响城市兴衰。在信息化社会里，由于信息沟通便捷，人们可以在追求高质量、低成本的生活水平时，可以向郊区转移，此时的城市空间形态，工业生产布局转向松散型，从而，企业间的信息联系反而越来越紧密。城市的经济管理、生产服务职能不断提升。

信息革命同样也推动了产业结构的升级，以信息知识为主的服务功能在城市中得到强化。信息化的网络拓展了城市的活动空间，使其部分工业职能外迁，缓解了城市发展中的"城市病"，提高了城市环境质量。人口和产业的分散化及郊区化，促使城市完成了从工业经济向服务型经济的转换和升级，英国的权威环境学家Jonathan Dorrit把信息时代的新通信和计算机技术的功能叫作"可持续手段"。信息社会的网络通信还能极大地节省能源，主要体现在交通通勤等许多方

面，能否有效解决城市交通拥挤问题。

（四）其他因素

1.城市发展方式

在城市经济发展的初期，为了满足居民的需求，必须扩大生产和建设规模，在只追求数量和规模的情况下，由于资金技术缺乏，只能依靠劳动力和资源的大量投入，在环境保护和治理方面的投入却很少。因此，这一阶段的城市发展模式是粗放式的，经济和环境效益都较差。21世纪以后，资源环境的约束已经上升为经济发展的主要矛盾，替代了原有的资本约束，这与我国的人口众多导致的人均资源短缺有关，也与经济高速发展带来的高需求有关，与不合理的资源利用方式也有很大的关系。目前，我国的城市化仍然是一种粗放型的经济增长模式，高消耗、高污染、高投入、低效益。资源利用效率低，出现了严重浪费，这进一步加剧了资源短缺、环境污染问题，降低了城市的环境承载能力，制约城市的可持续发展。究其原因，主要有以下几点：

（1）发展阶段的原因。自20世纪90年代开始，中国进入工业化和城市化的中期加速阶段，但资源、环境的利用方式和城市发展模式却没有随之转变，依旧延续着以前粗放型发展模式。

（2）可持续发展意识的淡薄，对资源节约和环境保护意识的缺乏。可持续发展意识的缺乏，导致我国城市发展仍然是片面地追求速度、规模，而忽视发展的质量和效益。

（3）资源配置方式以行政手段为主，没有充分发挥市场机制的基础性功能。在目前的城市发展体制下，单一的以行政力量为主导的资源配置方式超越了市场机制的基础性作用。实质上，这样的发展模式必然是粗放型的，资源环境成本都很大，如果加上为解决由此产生的资源环境问题所需的长期资金。这样的经济成本实际上反而更高。目前，我国城市发展所面临的资源、环境问题已日益突出，资源紧张，环境污染加剧。如果持续依靠这种粗放的发展模式，城市发展将面临更加严重的资源环境问题。

2.城市管理制度

（1）制度创新的作用

制度因素对发展的作用体现在两个方面：推动经济的增长、引起经济发展对环境的影响。制度因素的作用具体反映在市场机制和政府干预机制上。市场失灵是因为由于"经济人"追求效益最大化的限制而不从"生态人"的角度来考虑外部的生态、环境因素，加上环境作为公共产品产权主体不清，造成了"环境外部不经济"的现象。当产权不能被充分界定时，通过制定相关政策和制度，政府可以纠正市场失灵。充分发挥政府的宏观调控作用，能够减轻因为市场失灵而导致的环境污染问题。政府是否能够实现成功干预的关键在于市场信息的掌握程度，不充分的信息都会强化环境的外部性作用。然而，政府的宏观调控也不是完美的，也会因为各种各样的原因造成政府失灵，如政策失灵、寻租行为和政府管理成本问题等。在城市发展过程中，由于政府对城市规划和生态环境意识不强，不能达到政府内部各部门的有效协调发展，行政力量不能得到充分发挥，管理过程中也会出现制定租金价格等低效或无效的情况。城市发展与环境相协调的关键在于通过制度来消除市场失灵和政策失灵的消极作用。

合理的制度安排能够对城市发展和环境协调系统有效规制，激励有益于系统协调的行为，约束和管制不利于系统协调的行为，从而实现人在追求自身利益的同时还能有良好的环境行为。制度创新能够协调这种经济环境关系。通过制度创新，人口、资本等经济要素能够实现高效地系统内重组。制度创新也有利于优化升级产业结构，通过优化调整升级，可以促进城市经济和生态环境协调发展。产业结构的优化升级需要建立在科技进步和制度创新的基础之上。

（2）将管制制度和激励制度结合起来

这里的制度通常指的是政府的管制和激励制度。实现经济发展和环境目标统一的必然结果就是管理制度和经济激励制度的融合。管制制度以行政命令和直接管制为主，通常是采用直接禁止、制定标准、罚款、制裁等行政管理措施。经济激励措施是一种更为灵活的实施方式，它可以通过经济措施来鼓励或者限制经济主体的行为。主要以税收、费用等财政手段为主，采用许可证制度、差别税收、补偿费等措施。这两种制度的融合就是行政管制和经济激励双管齐下，从宏观上调控城市发展和环境之间的关系。这两种措施的融合能够使两种制度的功能一致并互补。一个完善的制度必须包含强制性和柔性两种成分，即行政管制和经济激励制度的融合。

管制制度和经济激励制度相互融合，有利于城市环境管理制度的实施。实施环境管理手段必须包含经济、法律和行政三种手段，实际上城市化进程中环境保护和生态建设主要也是依靠这三种制度的融合。生态经济建设具有较高的正外部性和效益滞后性。正是由于这两种特殊的性质，导致我国的生态建设供给严重不足。为了修补这种外部性，需要将管制制度和激励制度相结合。行政管制可以强制增加生态建设主体的经济补偿，减少建设成本。通过经济激励又可以增强投资者的信心，增加生态建设的有效供给。因此，将这两种制度巧妙地结合在一起可以促进区域环境的统一管理。

21世纪以来，对城市发展和生态环境系统协调起作用的因素越来越复杂，现代社会的经济发展特点也影响着这种作用机制。实现城市发展和城市环境的协调不仅仅与当地的资源禀赋有关，还受到产业结构布局等因素的影响。尤为重要的是制度的安排和创新，如果没有先进的制度安排，要实现城市发展和生态环境的协调是很困难的。在20世纪60年代左右，发达国家成立了多个环境保护机构，制定了一系列的环境保护措施。其中，大多都采用了排污费、排污许可证或者是"谁污染、谁治理"的治理措施。随着经济全球化的不断深化，各个国家在经济上的依赖越来越强。而且，环境问题也成了一个全球性的问题，如温室效应、臭氧层空洞、海平面上升、酸雨等环境问题日趋严重，已经威胁到了人类生存的基础，影响着整个社会经济的可持续发展。为此，人们开始寻求国际合作来控制环境污染，实行环境保护。

3.技术进步

科技进步是一个动态的过程，是人在经济活动中，因为有效技术变化而实现的经济总体效能的过程。技术进步包括发明、创新和扩散几个关键环节。每一次的科技进步都能促进社会分工发展，提高社会生产力，改变现有的产业结构，产生新兴产业等，使城市发展和环境之间的关系更为复杂。开发应用新能源和环保技术的进步也能促进城市和生态环境协调发展。

科技进步是一把双刃剑。一般情况下，把经济规模和经济结构作为定量，只把技术作为变量，随着科技的创新与发展，尤其是清洁生产技术的投入，而这又能够减少污染排放，技术投入会逐渐改善和提高环从这个角度来说，科技的进步对环境是会产生有利的影响。但在现实情况中却并不如此，有些技术进步反而会产生新的污染源，比如电子技术就会导致电子污染。在这种情况下，如果没有新的污染处理技术来解决这一问题，就会导致环境质量的下降。所以说，技术进步也具有它的双面性，在有利于改善环境质量的同时还有可能会产生新的污染源，造成环境质量下降。而如何衡量技术进步对环境的影响，主要看技术进步的种类，清洁技术的进步是有利于环境质量的提高的，而不清洁技术只会产生相反的作用。

科技创新能够改变城市和环境作用的通道、方式和内容。新能源的开发利用能够解决能源对经济发展的限制问题，客观上促进城市环境质量的提高。技术创新还能改变人们的消费需求和消费结构，增加城市发展和环境相互影响的内容。科技创新促进制度创新，只有在制度的作用下，经济活动的要素才能发挥相应的功能。

二、城市发展与城市环境的相互作用

（一）城市发展对城市环境的影响

1.城市发展产生的负面效应

通常提及城市发展产生的负面效应，人们自然会想起"城市病"，如住房紧张、交通拥挤、能源紧张、供水不足、环境恶化、污染严重等。城市的发展意味着对资源需求的增长，也意味着排污增多。在城市发展过程中出现的资源需求的扩张和污染物排放量增加会进一步造成城市资源环境承载力下降，我们将这种变化称为需求性资源环境消耗。城市对环境要素的损害具有累积效应，一般而言，城市发展水平越高，资源环境的压力也就越大。城市发展对城市环境的负面效应主要体现在三个方面：

（1）生产和生活的高度集聚，使得城市环境有限的承载力不堪重负。随着城市化进程的推进，越来越多的农民退出土地，进入城市，对城市资源和环境造成了日益增长的需求。

（2）产业结构不断升级，工业化中期，产业结构的重工业化意味着生产本身带来更大的污染。

（3）人们对生活质量的要求不断提高，开始追求奢华的城市消费文明。比如，城市生活需水量急剧增加，进而造成生活废水排放量已经超过工业废水排放量，成为城市废水排放的主要来源。

2.城市发展产生的正面效应

作为一把双刃剑，城市发展对城市资源和环境同时具有积极的正面效应，主要体现在两个方面：能够做到资源集约利用；可以实现污染集中治理。城市化的过程本来就能带来集聚效应，城市的形成就是得益于它的集聚效应和规模效应。规模经济可以降低生产成本，优化资源配置。在这种集约化的发展方式下，即使城市发展占有和消耗了大量自然资源，但是与分散的发展方式比，同样的经济规模消耗资源更少。通过集聚效应和规模效应，能提高资源使用效率，降低浪费水平，有助于缓解资源稀缺状况。城市发展的正面效应，为城市经济与环境的协调发展提供了可能。随着城市发展到一定的阶段，城市本身有了一定的环保能力，就可以形成规模性的用于环境保护方面的投资，可以利用污染集中治理的集聚效应，实现经济、社会、资源环境效益的统一。在城市人口增长、空间扩张、经济发展和生活水平提高的过程中，随着技术的进步和政府政策的宏观调控，可以进一步改变经济增长方式，使得资源利用效率和环境保护能力得到进一步的提高，最终降低单位产出的资源环境成本。城市发展中的资源环境问题，是发展中产生的问题。这种问题也只能在发展中得以解决，而解决的关键就是城市发展方式对资源环境的适应程度和协调程度。

（二）城市环境对城市发展的影响

城市发展与城市环境的系统，经历从不协调到协调，又重新回到一个新的协调的过程，需要经历不同的发展历程，随着城市发展，城市与环境的要素交换日益频繁，环境负荷也越来越大，一旦这种负荷超过了城市的承载力，就会破坏城市自然环境，而城市自然环境的恶化又会进一步影响投资环境、社会环境等，牵一发而动全身，限制城市的发展。

人、产业对环境的需求和压力是通过产业人员转移、产业结构、产业规模调整、产业内的技术改革等多种方式来推动城市发展。同时与环境对城市发展的约束力之间形成一个相互作用的复合系统，形成一个完整的动力机制。环境需求是产业发展中对生态环境质量高低的要求，具体体现为产业流程或者是从业人员的生产生活条件需求。环境压力则是指产业发展过程中对生态环境的破坏程度。据此，产业可以分为低需求低污染产业、高需求低污染产业、低需求重污染产业、高需求高污染产业四种类型。在马斯洛的需求层次理论中，高质量的生态环境是属于高级层次的需求，人们对居住和工作场所环境质量的要求，是和他们的收入水平和受教育程度成正相关关系的。正是由于这一特性，才使得不同属性的产业实现了在不同的发展水平的城市之间自由转移，而且这种转移还会伴随劳动力的转移和分化。因而，会出现这样的一种状况，城市发展水平越低，就会把大部分资源都分配到基本需求品上，用来满足还没有得到充分满足的低层次需求。城市发展水平越高，就会把更多的资源配给生态产品，这样就可以提高城市居民的生活质量。在这种情况下，各个产业即使在环境属性上有所不同，但都能在不同发展水平的城市中找到合理的区位。城市发展水平高的城市会随着经济水平的不断提高，增加更多的环境保护投资，通过提高人为净化能力的手段，来缓解生态环境的压力。而在发展水平低的城市，要想实现高质量的城市生活环境，使高污染产业外迁而把附加值高、污染低的产业留在城区内，同时，留住高学历水平或者是高收入人才，只能通过政策、法律、经济等一系列手段来达到目标。

（三）城市发展与城市环境的作用机制

1.城市发展的内涵

城市发展有着丰富的内涵，既包括一定程度上经济水平的增长，又包括随着经济水平变化而导致的结构改进和优化，也包括城市人口数量的控制和城市居民生活福利的有效提高。

2.城市环境问题的表现

城市环境问题主要表现为大气质量下降、水体质量下降，固体废弃物、城市垃圾、噪声、辐射的增加等方面。水污染主要来源于工业废水和生活废水的排放，一般可以用废水排放量，化学需氧量（COD）等指标来衡量。大气污染主要来源于城市工厂排放二氧化碳、二氧化硫等废气和粉尘以及家庭能源耗费排放的有害气体，一般可以用二氧化硫排放量，烟尘排放量等指标来衡量。固体废弃物污染主要来源于工业固体废弃物的排放和城市居民的日常生活产生的生活垃圾等，一般可以用固体废弃物的产生量来衡量。

3.城市发展与城市环境相互作用

环境是空间实体，它由各种生物因素或生命系统（动物、植物、微生物）、非生物因素的环境系统（光、热、水、大气、风、声、压、土壤、无机物等）共同组成。它们不是孤立存在的，而是通过循环、流动的相互作用、相互制约构成各种联系的整体。

城市自然生态环境具有资源再生功能和还原净化功能。它不但提供自然物质来源，而且能接纳、吸收、转化人类活动排放到城市环境中的有毒有害物质，在一定限度内达到自然净化的效果。自然环境特有的循环流动的物质和能量的循环，维持着自然生态系统的永续发展。这也是人类生存和繁衍不可缺少的元素。城市自然环境是城市生产和发展的物质基础，是人类生存和发展不可缺少的物质因素。

城市发展与城市环境之间联系紧密，相互作用。城市发展从两个方面影响城市环境，对城市发展有正、负两方面的作用；反过来，城市环境也从两个方面影响城市发展，城市环境的不断改善促进城市的健康发展，而城市环境的持续恶化阻碍城市发展的进程。

第二章　城市环境管理的经济手段及标准管理

第一节　城市环境综合管理及目标管理

一、城市环境综合管理

（一）城市环境综合管理的原则

1.打破传统观念

城市环境综合管理指明了我国城市环境保护工作的方向，是一种新的城市环境管理模式。这种模式就是要建立以市长为核心的城市环境管理体系，打破部门、行业间的界限，建立一个与改革相适应的城市环境管理体制，把政府的职能主要集中在做好城市的规划、建设和管理上，以可持续发展战略为指导，在改革中促进城市环境综合管理的有效实施。

2.以生态学理论为指导

城市环境综合管理是从"人类——环境"系统的总体上来调控城市生态系统的运转过程，使自然再生产过程、经济再生产过程、人类自身再生产过程的物质流、能量流处于良性循环状态，所以必须按照生态规律，改善城市生态系统结构，建立良好的人工生态系统。从环境的资源观来看，城市环境及其周围的农村是经济建设和城市建设的资源，如水资源、土地资源生物资源，等等。资源的整体性和各部门从各自的需要出发造成的开发和利用的分散性是城市环境问题的主要根源之一，再有就是资源的利用率和转化率低、浪费大、流失多，是我国经济密度不高而城市环境污染却比较严重的另一重要原因。因此，城市环境综合管理必须以合理开发利用资源为核心，从总体上考虑城市资源的合理开发和利用，提高资源利用率和转化率，这是减少资源浪费和流失、减轻城市污染的重要途径。

3.建立明确的城市环境综合管理目标

城市环境综合管理要求发动各部门、各行业以及社会各界和全体市民围绕同一个综合管理目标，调整自己的行为。因此必须首先确定环境综合管理目标，并与城市的经济发展目标城市建设目标等相协调。

（二）城市环境综合管理的作用

城市环境综合管理有三个方面的重要作用：

第一，城市环境综合管理把城市的环境建设经济建设和城市建设紧密地结合起来，通过综合规划、合理布局、调整经济结构、整顿企业、改变能源结构、技术改造、治理污染源、控制污染物的排放、市政公用设施建设（如集中供热、燃气化、污水和垃圾处理、园林绿化等），以及相应的环境监督管理措施等多种形式，保护和改善城市环境。

第二，城市环境综合管理明确了政府市长在城市环境保护中的责任，强化了环境保护主管部门与各部门之间的联系，组织各行各业参与城市环境保护工作，形成了市长负责、部门参加、环保部门监督管理，分工合作，各负其责的环境管理体制，改变了过去环保部门孤军奋战的局面。

第三，在城市环境综合管理中，通过运用行政、法律、经济、教育、技术等多种手段，把环境管理与治理紧密地结合起来，以管促治、防治结合，控制了新老污染的发展。

（三）城市环境综合管理的工作内容

1.确定综合管理目标

城市环境综合管理的任务是以城市生态理论为指导，防治污染、改善生态结构，促进城市生态良性循环，运用系统分析的方法，使城市各类经济社会活动以最佳的形式利用环境资源。为此，我们应本着从实际出发，量力而行，远近结合，分步实施的原则，首先确定综合管理的总目标，然后将其分解为若干个分目标，建立起相应的指标体系。

2.制定城市环境综合管理规划

城市环境综合管理规划主要是针对城市的重点环境问题，制定城市环境保护规划，并将其纳入城市建设总体规划，通过环境的综合管理，推进城市现代化建设。城市的结构布局，功能分区状况，在很大程度上决定了城市环境质量。城市环境综合管理与城市的建设和发展有着密切的联系，城市建设和发展应与城市环境综合管理协调一致，做到同步规划，整体实施。进行城市环境综合管理，要根据城市总体规划的要求，按照工业的性质和对环境的影响程度，做到合理布局。

由于我国幅员辽阔，各地的环境污染程度、环境容量、经济承受能力、管理水平等各不相同，所以不能用一个模式，更不能照搬国外的经验，只能是根据各地的实际，提出污染防治的途径。例如：通过结合技术改造，依靠科技进步，合理开发利用城市环境资源，节约能源，大力发展"三废"综合利用等措施，实现大气、水体及固体废弃物污染的综合防治。通过园林绿化、管理城市水系、旧城改造等途径，改善城市生态系统结构，提高自然净化能力，促进生态良性循环。

3.改革城市环境管理体制

城市是人类社会和自然环境之间最集中、最突出的场所，城市环境综合管理涉及面广，综合性强，需要解决的问题复杂。因此，城市环境综合管理工作必须纳入城市政府的议事日程，由市长亲自部署，统一指挥，充分发挥各行业、各地区、各部门的积极性，合理分解综合管理任务，并将其具体落实到各个部门和单位，建立起城市污染防治系统。

环境部门作为城市政府的职能机构，要充分发挥其监督检查、规划、协调的职能，根据国家有关环境保护的法律、法规、标准和规章制度，结合本地实际，采取行政、法律、经济、技术、教育等多种管理手段，组织协调好对环境的全局管理，促进环境综合管理工作的开展。

4.开辟多种渠道

随着国家经济体制改革的深化和社会主义市场经济体制的确立，我国环境保护投资由过去只有国家投资的单一渠道，发展为多种投资渠道。目前，筹集治理资金主要渠道有以下几种：一是征收超标排污费，建设项目"三同时"（"三同时"是指新、改、扩建设项目中安全、环境、消防、职业健康设备设施与主体工程同时设计、同时施工、同时投产使用）配套资金；二是企业更新改造资金；三是城市建设维护费以及综合利用利润提成。

做好城市环境综合管理是关系到国计民生的大事，必须纳入国民经济和社会发展的计划之中，城市政府要随着城市经济的发展，相应增加环境综合管理的投资，加快城市基础设施和环境保护设施的建设。本着"取之于城市、用之于城市"的原则，发动受益单位对环境综合管理提供资金上的支持。要贯彻"谁污染，谁治理"的原则，排污者要积极承担治理责任，合理负担由于污染对社会造成的损失及管理费用。

二、城市环境目标管理

环境目标管理是指在一定的时空条件下，为实现定量化的环境目标而进行的以责任制为基础的管理工作。在城市中实施环境目标管理标志着我国的城市环境管理已进入定量管理阶段。

（一）城市环境目标管理指标体系的建立

根据城市的性质和功能，确定分阶段的具体环境目标，划定功能区，实行环境质量分区管理，是实施城市环境目标管理的关键。这里所说的环境（质量）目标，是指控制污染的目标。具体确定和描述环境目标，需要建立恰当的指标体系。环境目标管理的指标体系就是描述环境目标，评价环境质量的可量度参数的集合。因此，建立环境管理目标指标体系，首先需要筛选污染参数，然后确定分指标权系数，并对分指标加以科学综合，建立综合指标。

城市环境污染的参数很多，大气污染的参数主要有：总悬浮微粒、降尘、二氧化硫、每立方米空气中细菌总数等；水污染的参数主要有：重金属（汞、铬、镉、铜、锌）、氰、砷、油、难降解有机物等；固体废物可以分为三种：城市垃圾、一般固体废物（高炉渣、粉煤灰）、有毒有害危险固体废物（铬渣、放射性废渣等），为了简化，在指标体系中一类即作为一个参数；噪声污染一般只列交通噪声和环境噪声。城市环境污染参数通常采用专家咨询法来确定。

指标体系包括三个层次，第一层为综合指数（指标），第二层由大气污染、水体污染、固体废弃物、噪声4个因素组成，第三层由9个参数组成，分别是总悬浮颗粒物、降尘、二氧化硫、氨氮、化学需氧量、油、危险固体废物、城市垃圾、交通噪声。在逐层综合构成综合指标时，每种因素或每个参数的权值是不同的。确定分指标的权值，可以由第三个层次到第二个层次（或反之）。通常用的方法有：经验判断，结合参数筛选的专家咨询同时进行；环境效应调查分析，特别是经济效应与人体效应的调查分析，根据效应大小确定权值；层次分析法，参数筛选和分析指标权数确定以后，要进行分指标的综合，建立反映城市环境污染的综合指标或综合指数。

（二）城市环境目标管理的实施办法

城市环境目标管理的实施可按以下四个步骤进行：

1.分功能区确定环境目标

指标体系建立以后，确定了城市应控制的污染因素（参数）、控制重点，以及综合指标的建立和分级。但要实施环境目标管理还需具体确定污染控制水平，即环境目标。确定环境目标主要考虑三方面的因素：

（1）城市的性质功能（按功能区或按水域的功能）；

（2）城市居民生存发展的要求；

（3）城市的经济技术发展水平。性质功能是制定城市总体规划时定下来的，性质功能不同，环境目标也应有不同的要求。

2.计算总量控制指标

根据环境目标和地区（水域）的环境容量，计算主要污染因素的总量控制指标，包括主要污染物的最大允许排放量噪声控制水平、固体废物处理率等；按原始运行预测可能达到的污染水平及排污量，与最大允许排放量比较计算出削减量。即：削减量=预测排放量—最大允许排放量。根据经济技术发展的可能，结合环境目标的要求，计算万元产值排污量递减率。

3.将控制指标分解下达

大型企业以企业为单独户头，中型企业以专业局为户头（承担指标的单位），街道企业及生活污染源以区或以街道委员会为单位，并将各种类型的户头编号，制定指标分配方案。总量控制指标按各种类型污染源（以户头为单位计算）的排污分担率污染分担率来分配指标，在分配时还要考虑到各户头的经济技术水平。万元产值排污量递减率只作为对工业污染源的控制指标。

4.签订责任状，监督考核

责任状的主要包括两方面的内容，即污染物控制目标和环境管理目标。污染控制目标包括"三废"排放总量、处理量、达标排放量及主要污染物控制目标，城市区域噪声达标率等。环境管理目标主要包括环保制度执行情况、开发建设项目"三同时"执行情况、限期治理计划完成情况、烟尘控制区建设情况、环保法规的实施情况、监察员制度执行情况、排污收费宣传教育和环境监测工作情况等。责任状签订后，要加强舆论监督，要有严格的奖惩制度作保证。各地区还可把环保办实事和责任状结合起来，以推动责任制的进一步落实。

（三）污染物浓度指标管理

污染物浓度指标管理是指控制污染源污染物的排放浓度，其控制指标一般分为三类：综合指标、类型指标、单项指标。综合指标一般包括污染物的产生频率等。类型指标一般分为化学污染指标、生态污染指标和物理污染指标三种。各类指标都是单项指标的集合。单项指标一般有多种，任何一种物质如果在环境中的含量超过一定限度都会导致环境质量的恶化，因此就可以把它作为一种环境污染单项指标。

污染物浓度指标管理和排污收费制度相结合，构成了我国城市环境管理的一个重要方面。这种管理方法对于控制环境污染，保护城市环境发挥了很大的作用。但随着技术进步和社会发展，也暴露出许多问题。

此类管理以污染物的排放浓度为控制对象，只控制了从污染源排出的污染物浓度，而忽略了污染物的流量，因此势必造成环境中污染物总量不断增加，控制不住城市的环境质量。

为满足排放标准要求，各超标排污的组织都会采取一定的污染物控制措施。但在分散治理的情况下，其规模效益难以保证，故从宏观上来看是不可取的。

（四）污染物总量指标管理

污染物总量指标管理是指对污染物的排放总量进行控制。所谓总量包括地区的、部门的、行业的乃至企业的排污总量。具体做法首先是推行排污申报制度和排污许可证制度。污染物排放总量控制管理，是建立在环境容量这一概念基础之上的。环境所能接受的污染物限量或忍耐力极限，一般称为环境容量，即单元环境中某种污染物质的最大允许容纳量。在实际管理工作中，污染物总量控制管理包括如下内容：

1.排污申报

向环境中排放污染物质的组织，一律要向当地生态环境部门提出排污申请。申请中应注明每个排污口排放的污染物、浓度及削减该污染物排放的具体措施、完成年限。重点排放污染物的企业要按月填报排污月报。

2.总量审核

总量审核首先由当地环保部门按照污染物排放总量控制的要求，核定排污大户和各地区允许排放的污染物总量，然后由下一级政府的环保部门核定辖区范围内其他排污单位的允许排污量。

第二节　城市环境管理的经济手段

一、城市环境管理的基础原理和基本手段

（一）城市环境管理的基础原理

城市环境管理是指根据国家的环境政策、环境法律、法规和标准，坚持宏观综合决策和微观执法监督相结合。城市环境管理的基础理论对进行城市环境管理具有重要的指导意义，城市环境管理的基础理论主要包括封闭原理、分解原理、系统理论和反馈原理等四种。

1.封闭原理

现在城市环境管理系统按功能可分为决策机构、执行机构、监督机构和反馈机构。在这个系统中，每一个管理对象都是相对封闭的，其环境管理手段构成了一个连续封闭的回路，这就是城市环境管理的封闭原理。在封闭原理的指导下，城市环境管理的关键是城市环境管理制度的封闭、城市各级环境管理机构的封闭和城市环境各层次管理者的封闭。

2.分解原理

分解原理是指根据客观事物的要求，将事物由繁到简、化大为小就是分解原理的思维方式。城市环境管理的分解就是对城市环境管理机构和部门进行分解，同时还要对各级管理机构和部门的职能进行分解，通过职能分解，协作分工，才能提高城市环境管理的工作效率。

3.系统理论

城市环境管理的系统理论就是应用系统理论和系统工程方法进行城市环境管理，具有目的性、相关性、整体性和动态性等基本特征。

4.反馈原理

城市环境管理的反馈就是从环境管理控制系统的输出端获取信息，并经过处理后通过一定的环节返回环境管理系统的输入端，将返回的信息与输入相比较，根据两者误差对控制信息做适当调整，从而使输出达到最优化，以减少决策的失误，提高城市环境管理效率，稳定实现城市环境管理目标。在城市环境管理过程中，我们应该面对不断变化的客观实际，能否进行有效环境管理的关键在于是否有灵活、准确、有力的反馈机制。信息接收、分析处理和调整决策是城市环境管理中反馈过程的三个步骤。

（二）城市环境管理的基本手段

城市环境管理手段是城市环境管理者行使环境管理职能和实现环境管理任务的手段和途径的总称。城市环境管理的基本手段主要包括：行政手段、经济手段、法律手段、技术手段、信息手段和宣传手段等。在不同层次的城市环境管理系统中，上述这些环境管理手段得到了广泛应用。

二、城市环境管理的非经济手段

相对于环境经济手段而言，非经济手段没有利用价值规律的调节作用，而是政府部门以法规条例或行政命令的形式直接或间接限制污染物排放，或通过运用技术和加强宣传教育达到改善环境的目的。

（一）行政手段

环境管理行政手段是指在国家法律监督之下，各级环保行政管理机构运用国家和地方政府授予的行政权力开展环境管理的方法。行政手段主要包括以下内容：

第一，环境管理部门定期或不定期地向同级政府机关报告本地区的环保工作情况，对贯彻国家有关环保方针、政策提出具体意见和建议。

第二，组织制定国家和地方的环境保护政策、环境规划和环保工作计划。

第三，运用行政权力对某些区域采取特定措施，如划为自然保护区、重点污染防治区、环境保护特区等。

第四，对一些污染严重的企业要求限期治理，甚至勒令其关、停、并、转、迁。

第五，对易产生污染的工程设施和项目采取行政限制，如审批开发、建设项目的环境影响评价报告书，审批新建、扩建、改建项目的"三同时"设计方案，审批有毒化学品的生产、进口和使用，管理珍稀动植物物种及其产品的出口、贸易事宜等。

在环境管理中，行政手段起着重要的保障和支持作用，国内外都很重视其应用。各国通过制定和执行法律法规、部门规章制度、行政命令、环境标准等手段来达到保护环境的目的。

（二）法律手段

城市环境管理的法律手段是指管理者代表国家和政府，依据国家环境法律法规所赋予的权力，并受国家强制力保证实施的对人们的行为进行管理以保护环境的手段。法律手段是城市环境管理的一种基本手段，是其他手段的保障和支撑。环境法会因各国的不同国情而各具特色，但就各国环境法的目的、任务和功能来看，都具有兼顾社会、环境、经济效益等多个目标的相似性，强调在保护和改善环境资源的基础上，保护人体健康和保障社会经济的可持续发展。目前，我国已经初步形成了由国家宪法、环境保护法、环境保护单行法和环境保护相关法等法律法规组成的环境保护法律体系。国外尤其是发达国家的环境法律法规体系更为完善，而国际上的环境立法也在不断加强。

（三）科技手段

城市环境管理的科技手段是指环境监管部门为实现环境保护目标所采取的各

种技术措施，主要包括环境预测、环境评价、环境决策分析等宏观管理技术和环境工程、污染预测、环境监测等微观管理技术。科技手段是奠定环境保护物质基础的重要工具，环境科技的进步，可以增强环境保护的生产力，加快环保进程，降低环保成本。科技手段有利于提高环境监测水平，合理分割环境资源，扩大环境经济手段应用范围。

制定环境质量标准和环境政策、组织开展环境影响评价、编写环境质量报告书、总结推广防治污染的先进经验、开展国际的交流合作等都涉及很多科学技术问题。没有先进的科学技术，不仅发现不了一些城市环境问题，及时发现了也难以控制城市环境污染。为此，应强化科技手段，要积极通过各种法规、标准和政策，促进环保科技的发展，将环保科技列为最优先的关键技术之一，注重发展生产全过程的污染控制技术，积极利用高新技术成果，提高污染防治、生态保护和资源综合利用水平。

（四）信息手段

环境管理的信息手段主要是以环境信息公开的方式实现的。环境信息公开指通过社区和公众的舆论，使环境行为主体产生改善其环境行为的压力，从而达到环境保护的目的。环境信息公开能够有效地加强环境管理的公众参与和监督，促进政府重视环境质量的改善，促使污染者加强污染防治、改善其环境行为。

根据公开的媒体不同，可将环境信息公开分为报纸、广播、电视、网站等；根据公开的内容不同，可分为环境质量公开、环境行为公开等；根据公开的对象不同，可以分为政府环境信息公开和企业环境信息公开等。

许多环境管理制度的有效实施与信息是否公开密切相关，要注意把信息公开应用到各种环境管理制度中。例如，环境影响评价制度、排污申报登记制度、城市环境综合管理定量考核制度、环境污染限期治理制度、环境保护现场检查制度、环境污染及破坏事故报告制度、环境保护举报制度、环境监理政务公开制度、环境标志制度中的信息公开。企业环境信息公开，有利于环境行为良好的企业在公众中树立良好的形象，获得社会的赞誉和市场的回报；而对环境行为差的企业就会形成一种强大的压力，从而迫使企业加强环境管理、提高污染治理水平、改善环境行为。

（五）宣传手段

环境宣传教育手段，是指开展各种形式的环境保护宣传教育，以增强人们的自我环境保护意识和环境保护专业知识的手段。宣传教育是奠定环境保护思想基础的重要工具，没有全民环境意识的提高，其他环保手段的运用都会事倍功半，甚至无法进行。通过广播、电视、电影及各种文化形式广泛宣传，使公众了解环境保护的重要意义，激发他们保护环境的热情和积极性，把保护环境、保护大自然变成自觉行动，形成强大社会舆论和激发公众参与的氛围。具体说，环境教育又包括专业环境教育、基础环境教育、公众环境教育和成人环境教育。在经济发达国家，这四种环境教育的优先顺序为：公众环境教育、基础环境教育、成人环境教育、专业环境教育。而在发展中国家，专业环境教育排在首位，其他三种则相对靠后。通过环境宣传教育使人们建立环境法制观念，依法保护环境，依法监督管理。

通过对上述城市环境管理的非经济手段分析可以看出，行政手段和法律手段在我国环境管理中一直处于主导地位，在当前所使用的城市环境管理手段中占绝对地位，技术手段仍有待于继续加强研发，宣传教育手段则只是一种辅助手段。但在新的形势下环境管制手段呈现出这样的特点：在计划经济下制定的环境政策同市场经济体制发生冲突，传统的环境管制手段已经很难适应经济体制改革的速度，政策效力大大减弱。环境管制手段往往还会因为过分强调环境效果而忽视了地区环境条件和企业治理成本的差异，从而导致社会经济效率不高和社会不公平。这不但要求在原有城市环境管理手段的基础上加大城市环境管理经济手段的比重和力度，还要紧密结合当前国际和国内形势，顺应市场经济体制和全球化趋势设计一套符合客观实际、具有可操作性的城市环境管理经济手段体系。

三、城市环境管理的经济手段

城市环境管理的经济手段是为达到经济发展和环境保护相协调的目标，利用经济利益关系，对环境经济活动进行调节的政策措施。广义的城市环境管理经济手段是指在所有有利于城市环境保护的政策和法规中，利用环境经济手段进行调节的措施，也可称为环境经济政策。狭义的城市环境管理经济手段是指运用税收、价格、成本和利润等经济刺激形式对城市环境经济活动进行调节的政策措施。按照作用机理，城市环境管理的经济手段可分为税费手段、价格手段、交易制度和其他环境经济手段。

综上所述，环境经济手段是指从影响成本效益入手，引导经济当事人进行选择，以便最终有利于环境的一种手段。这种手段明显的表现是要么在污染者和群体之间出现财政支付转移，如各种税收和收费、财政补贴、服务使用费和产品税，要么产生一个新的实际市场，如许可证交易。例如，美国的布兰德把环境管理的环境经济手段定义为"为改善环境而向污染者自发的和非强迫的行为提供金钱刺激的方法"。

也有学者将环境管理的经济手段分为五类：一是收费/税收，包括排污收费、产品收费和税、管理收费；二是押金——退款制度；三是市场创建，包括排污交易、市场干预、责任制；四是财政执行鼓励金，包括违章费、执行债券；五是补贴。

（一）收费／税收手段

收费通常被看作是对污染支付的价格，这种支付至少会部分地计入私人的效益——费用计算中，收费会带来刺激作用和增加收入的作用。最先提出对污染者收费的是经济学家庇古。庇古提倡根据边际损害成本和边际削减成本，采用向污染者课税的政府干预形式，达到外部成本内化的目的。但是，由于缺少对损失成本的准确计量信息，由环境监管部门按准确的水平征收环境污染税几乎是不可能的。因此，庇古式的解决办法是一种难以操作的方法。

奥兹和鲍莫尔提出了另外一种解决方案，认为应该为达到特定的排放削减水平而征收排污费的。他们认为，收费要至少等于厂商间的边际削减成本，并进而为污染治理的总投资提供最佳的费用—效益刺激因素。

（二）补贴手段

补贴是另一个重要的环境保护的经济手段。如果向生产者支付削减污染的费用，只要治理污染的成本小于得到的补贴，生产者就会投资进行污染削减。这个效果与排污收费的效果一致。在有些情况下，补贴可能会使污染削减行为发生得比排污收费更加迅速。当然，不管什么情况下，这种补贴都会以产品的较高价格转嫁给消费者。

补贴包括各种形式的财政资助，其目的是鼓励削减污染，或者是为了削减所必需的措施提供资助。补贴的形式有赠款、软贷款和面向环境治理项目发放的优惠贷款三种。税收补贴主要指对于污染治理设备实行加速折旧、免税或者免费等措施。在很多国家，都有对污染控制活动给予财政补贴的做法，例如丹麦补贴农民，使其停止向水体排放营养物质；德国对老工厂的技术改造给予补贴；荷兰投资于清洁生产等，都取得了很明显的效果。

对补贴的最大异议是认为它有悖于污染者付费原则。许多发达国家的政府对本国企业特别是大公司的污染治理提供大量的财政补贴，以使这些公司的产品保持低价从而保持竞争力，结果等于是由广大纳税人替那些大公司出钱治理污染。针对这种情况，OECD（Organization for Economic Cooperation and Development，经济合作与发展组织）在其对环境经济手段的研究中排除了补贴，原因主要有二：一是OECD所讨论的环境经济手段严格遵循污染者支付原则，而补贴属于该原则的例外；二是从实证角度分析，同环境相关的、范围特别广泛的或特别小的补贴体系在现实中确实存在，但已证明很难对其进行总结或评价。

从经济学的角度来看，补贴用于污染削减也还存在以下一些问题：一是补贴可能产生这样一种期望，即政府可挽救排污企业，这将减少排污企业进行技术设备改造以降低污染水平的积极性；二是补贴要求掌握大量关于排污企业的非常充分、真实的信息，以确定补贴的对象；三是补贴没有排污收费公正，很可能导致不公平竞争。

（三）排污权交易

排污权交易是城市环境管理的又一环境经济手段。科斯定理在环境问题上最典型的应用是排污权交易，排污权交易是当前受到各国关注的环境经济手段之一。我国在大气污染控制方面也开展过可交易的排污许可证的试点工作，并取得了一定效果。排污权交易有许多种提法，如可交易的许可证、可交易的排污权、排污许可交易、可交易的许可证与排污权和排污交易等。排污权交易的主要思想是：在满足环境要求的条件下，建立合法的污染物排放权力即通常以排污许可证的形式表现的排污权，并允许排污权像商品那样被买入和卖出，以此来进行污染物的排放控制。排污权交易是在一个有额外排污削减份额的公司和需要从其他公司获得排污削减份额以降低其污染控制成本的公司之间的志愿交易。

排污权交易是在满足环境要求的条件下，建立合法的污染物排放权即排污权通常的表现形式是排污许可证。排污权交易的一般的做法是：首先由政府部门确定出一定区域的环境质量目标，并据此评估该地区的环境容量。然后推算出污染物的最大允许排放量，并将最大允许排放量分割成若干规定的排放量，即若干排污权。政府可以选择不同的方式分配这些权利，如公开竞价拍卖，定价出售或无偿分配等，并通过建立排污权交易市场使这种权利能合法地买卖。在排污权市场上，排污者从其利益出发，自主决定其污染程度，从而买入或卖出排污权。排污权是有限的权力，而且排污权交易的经验主要来自美国。美国的排污权交易计划代表着第一次大规模将经济激励手段运用于环境政策中的尝试，并且是极少数成功地应用并继续实行的政策之一。

（四）押金——退还制度

押金——退还制度是一种保护环境的简单易行的环境经济手段。用户如果把这些产品或产品的残留物返还到收集系统从而使得污染得以避免时，用户缴纳的附加费将被返还。

押金——退款制度的实质内容在于对可能造成污染的产品的销售征收附加费。当符合条件时，例如把用过的或废弃的物品送到集中地，从而避免了污染，这笔费用可以退还。此制度一般由制造商自愿执行，在一些国家由政府强制执行。如挪威除在啤酒、软包装饮料的销售中实行押金制外，还对客车车体实行押金制。顾客买车时需支付一定数量的押金，车主退回报废汽车时可以取回押金，这一制度使90%以上的废旧汽车及时得到了收集和回收利用。

（五）执行鼓励金

执行鼓励金制度的目的是对污染者提供一种附加的经济刺激，使其遵守法律规定的环境要求。美国法律规定，所有把有毒废物从封闭废物场释放入环境的可能责任者，对其所造成的损失负有责任，必须缴纳一定数量的违章费，费用的多少与造成的损失有关。这一环境经济手段也是符合污染者付费原则的。

综上所述，这几种主要环境经济手段各有优缺点。例如，排污权交易手段可削减污染治理成本，但其交易成本很高，而且还存在着很多环境资源的产权难以确定的现实；排污收费应用广泛，但确定其收费标准很困难的；押金——退还制度和执行鼓励金制度简单易行，但其适用范围却极其有限，很多环境问题不能依靠这种方式解决，等等。因此，我们在实际应用中必须针对实际情况，灵活运用环境经济手段来管理城市环境。政府在有效地制定和实施环境经济手段中也发挥着非常重要的作用，要达到环境目标，必须有政府的参与，这种参与的一个重要方面就是建立产权，以使市场发挥更好的作用。

四、城市环境管理的管制手段和经济手段的比较

（一）环境管制手段的利弊分析

1.环境管制手段的优越性分析

在面临一些棘手的生态问题时，环境管制手段可以发挥更大的优越性，主要体现在以下几个方面：

（1）当遇到突发性的公害事件时，政府就可以用行政手段来处理这些由外部性而导致的紧急性环境事件。

（2）在某些特定的时期或者区域，需要政府运用行政权威强制执行某些措施，例如，可以通过制定颁布规则和禁令的方式，把车厢、会议室等公共场所划分为无烟区。

（3）政府利用行政权威实施与外部性相对抗的服务措施，特别是那些环境容量为零的物品的管制。如为保护旅客的人身安全，在列车上严禁携带易燃、易爆、有毒、腐蚀性的物品。

2.环境管制手段运用中存在的弊端分析

在实践中，环境管制手段由于没有一个严格的尺度度量，因此往往不能按理想的方式发挥作用，主要体现在以下几个方面：

（1）无法解决不同企业之间的差别问题

由于环境管制手段的规定对不同性质、不同规模、不同地区的企业采取完全划一的标准，导致这种规则无法在企业与企业之间有效地分配污染排放物的减少，从而限制了那些减少污染的边际成本最低的企业做出更大的努力。

（2）污染标准的划定问题

理论上，政府要通过做"费用——收益"分析来确定污染标准，政府要通过计算所有的社会损害和减少污染的成本后再确定那些使总成本最小化的污染水

平。但在实际操作上常常没有做这种分析，有的即使想做"费用——收益"分析，但社会损害和社会收益的衡量也是困难和不确定的。

（3）存在着"政府失灵"的现象

由于寻租等原因导致的腐败，使得处罚往往由"紧"走向"松"，使得环境管制手段的效果大打折扣。

（二）环境经济手段的利弊分析

1.环境经济手段的优越性分析

（1）环境经济手段的使用更有利于环境的改善

环境经济手段通过影响经济主体的行为和决策，使他们所做出的决定能够比没有使用环境经济手段时获得更加理想的环境状态，也就是说环境经济手段的目的在于以"经济"的手段来获取理想的环境效果。

（2）环境经济手段让经济主体拥有可选择性

从环境监管部门来说，在实现相同的生态环境效应时要选择成本最小的一种环境经济手段，或者说在环境经济手段成本既定的情况下要选择生态环境效益最大化。从经济主体来说，他们能够通过对环境监管部门既定的环境经济手段权衡比较来选择能够使自己获益最大的方案。

（3）环境经济手段具有刺激性而没有强制性

环境经济手段能够通过对经济主体的刺激，使当事者基于经济利益的考虑，可以在不同的方案之间进行选择，这就是说环境经济手段能让经济主体以其自认为更有利的方式来对待特定的刺激。

2.环境经济手段运用中存在的弊端分析

环境经济手段使用的前提是产权清晰，而很多环境产权的界定比较困难，或者根本无法界定。环境经济手段是依靠市场机制发挥作用的，没有完善的市场机制，其发挥作用的效果会大打折扣。当面临一些突发性的重大环境问题时，使用环境经济手段就会缺乏相应的时效性。

（三）环境经济手段和环境管制手段的比较

1.环境经济手段相对灵活，环境管制手段相对僵硬

环境经济手段允许污染者根据自己的情况来选择最适合自己的达标方式，

也就是说，企业在规定的环境标准下，既可以选择添置环保设备，也可以选择缴纳排污费，或者购买排污交易许可证等。而环境管制手段则采用统一的标准和措施，不利于企业发挥主动性。因为对一个经济主体来讲，自主选择会比被动执行容易接受；自主选择的空间越大，社会福利改善的可能性也越大。

2.环境经济手段主要从经济方面来刺激，而环境管制手段则注重环境效果

环境经济手段通过不断给企业提供经济刺激和经济动力，使污染者以尽可能小的成本将污染减少到所规定的标准之下。而在环境管制手段使用过程中，往往会出现"不惜一切代价"的现象。环境经济手段还可以促进新的污染控制技术、生产工艺和新的无污染产品的开发。

3.环境经济手段基本不需要政府投入，而环境管制手段的执行成本比较大

环境经济手段运行的前提是需要政府对环境资源产权的界定，在大多数情况下，不需要政府投入什么。而环境管制手段的执行过程主要是政府与各经济主体之间，会存在人情关系，从而可能导致各利益集团之间的争斗和管制的低效率。况且严格的管制需要动用公检法等，导致执行成本比较昂贵。

4.环境经济手段比较灵活，而环境管制手段比较死板

对政府来讲，修改或者调整一种收费会比修改一项规章或者法律容易而迅速得多，所以环境经济手段可以提高政府政策的灵活性。环境管制手段一般是通过法律程序确定的，不能轻易更改，即使有时明知规则有问题，也要先按规则办理。

5.环境经济手段靠市场机制发挥作用，而环境管制手段则需要大量的信息

在使用环境经济手段的条件下，企业通过市场机制获取价格信号，从而使经济发展和环境保护更有效率，政府为此要做的仅仅是一次性的产权界定。环境管制手段发挥作用的前提是大量信息的需求，在信息不对称的情况下，政府不可能获取到各企业生产技术的完全或充分信息，也就导致环境管制手段难以发挥出理想的效果。

（四）环境经济手段与其他经济手段组合使用的策略

环境手段的目的达到环境资源的最优配置水平和最优污染控制水平，实现环境保护与经济发展双赢。为此，环境经济手段在于其他环境手段组合使用时，要遵循下列原则：

1.要兼顾效率与公平的原则

环境手段使用过程中产生的费用如何分摊等问题，既涉及效率问题，又涉及公平问题。不同的环境手段会导致环境资源的不同分配，如环境经济手段注重的是经济效率，而环境管制手段更注重的是公正，所以，环境经济手段与其他手段相结合使用的一种理想效果就是兼顾效率与公平。

2.要坚持不同的环境手段要相互匹配的原则

一是环境经济手段与其他手段之间要相互匹配；二是各种环境手段要与总体的经济、社会发展的政策目标和手段要一致。

3.要兼顾经济效益与环境效果的原则

相比之下，环境管制手段在环境改善方面效果明显但经济效益有限，而环境经济手段则更具有经济效益。所以在组合使用的过程中就可以实现优势互补，兼顾了经济效率和环境效果，以最低的经济成本达到最大的环境改善。

第三节　环境标准的管理

一、环境标准概述

（一）标准与标准化

1.标准

标准这个词在日常工作和生活中经常碰到，"标"的意思是标识、标记、记号；"准"的意思是比照、水准准确。标准应该是一种准确的标识，一种用以作为水准、比照用的标记、规格、规范。

这里的标准是指对经济技术、科学及其管理中需要协调统一的事物和概念所做的统一技术规定。这种规定是为获得最佳秩序和社会效益，根据科学、技术和实践经验的综合成果，经有关方面协商同意，由主管机关批准，以特定形式发布，作为共同遵守的准则。

2.标准的三要素

任何标准都需要规定适用的范围、适用的对象和必要的内容，一般称作标准的三要素。

（1）标准的范围（分级）

根据标准适用的地区和范围，标准可以分为国际标准、国家标准、地方标准、行业标准等。

（2）标准的适用领域和对象

标准的适用领域逐渐在扩大，从生产、技术、科学以至国民经济各个领域，还包括社会、经济等各个方面。如环境保护、安全卫生、行政管理、交通运输、文化、教育等。

（3）标准的内容

根据标准对象的特征和制订标准的目的，标准的内容很多，一般的技术内容包括：名词、术语、符号、代号、品种、规格、技术要求检验方法、检测规则、技术文件、图表标志等。

3.标准化

标准化一词较早应用于生产技术，其原本含义是对工业产品或零件、部件的类型性能、尺寸、所用材料、工艺装备、技术文件的符号与代号等加以统一规定，并予以实施的一项技术措施。标准化可分为国际或全国范围内的标准化，也可分为部门或企业范围内的标准化。实施标准化从生产上来说能简化产品品种、规格，加快产品设计和生产准备过程，提高产品质量，扩大产品零件、部件的互换性，降低生产成本。从社会经济领域来说，标准化可简化工作程序，提高工作效率，强化法制观念，便于法制和规范化管理，从而取得比较大的经济效益和社会效益。

（二）环境标准

环境标准是有关污染防治、生态保护和管理技术规范标准的总称，有关环境标准的定义有很多。这里选取一个较为合适的定义，亚洲开发银行从环境资源价值角度给环境标准下的定义是：环境标准是为了维护环境资源价值，对某种物质或含量设置的允许极限含量。在环境资源概念下，环境标准可适用的范围很广。

一般认为，环境标准是为了防治环境污染，维护生态平衡，保护人群健康对环境保护工作中需要统一的各项技术规范和技术要求所做的规定。具体地讲，环境标准是国家为了保护人民健康，促进生态良性循环，实现社会经济发展目标，根据国家的环境政策和法规，在综合考虑本国自然环境特征、社会经济条件和科学技术水平的基础上规定环境中污染物的允许含量和污染源排放污染物的数量、浓度、时间和速率以及其他有关技术规范。

环境标准是国家环境政策在技术方面的具体体现，是行使环境监督管理和进行环境规划的主要依据，是推动环境科技进步的动力。由此可以看出，环境标准是随着环境问题的产生而出现，随着科技进步和环境科学的发展而发展，体现在种类和数量上也越来越多。环境标准为社会生产力的发展创造良好的条件，又受到社会生产力发展水平的制约。

（三）环境标准的意义和作用

环境标准是为了保护人群健康，防治环境污染和维护生态平衡，对有关技术要求所做的统一规定，它在我国环保工作中有着极其重要的地位和不可替代的作用。

1.环境标准是制定环境保护规划、计划的依据

环境规划主要就是指实现相应的环境标准，规划的目标主要是用标准来表示的。我国环境质量标准就是将环境规划总目标依据环境组成要素和控制项目在规划时间和空间内予以分解并定量化的产物。因而环境质量标准是具有鲜明的阶段性和区域性特征的规划指标，是环境规划的定量描述。污染物排放标准则是根据环境质量目标要求，将规划措施，根据我国的技术和经济水平以及行业生产特征，按污染控制项目进行分解和定量化，它是具有阶段性和区域性特征的控制措施指标。

环境规划通俗地讲就是通过环境规划来实施环境标准。通过环境标准提供了可列入国民经济和社会发展计划中的具体环境保护指标，为环境保护计划切实纳入各级国民经济和社会发展计划创造条件；环境标准为其他行业部门提出了环境保护具体指标，有利于其他行业部门在制定和实施行业发展计划时协调行业发展与环境保护工作；环境标准提供了检验环境保护工作的尺度，有利于环保部门对环保工作的监督管理，对于人民群众加强对环保工作的监督和参与，提高全民族的环境意识也有积极意义。

2.环境标准是国家环境法律、法规的重要组成部分

我国环境标准具有法规约束性，是我国环境保护法规所赋予的。在《中华人民共和国环境保护法》《大气污染防治法》《水污染防治法》《海洋环境保护法》《噪声污染防治法》《固体废物污染防治法》等法规中，都规定了实施环境标准的条款，使环境标准成为执法必不可少的依据和环境保护法规的重要组成部分。我国环境标准本身所具有的法规特征是：国家环境标准绝大多数是法律规定必须严格贯彻执行的强制性标准，国家环境标准是生态环境部组织制订、审批、发布，地方环境标准由省级人民政府组织制订、审批、发布；这就使我国环境标准具有行政法规的效力。国家环境标准明确规定了适用范围，及企事业单位在排放污染物时必须达到、可以达到的各项技术指标要求，规定了监测分析的方法以及违反要求所应承担的经济后果等，同时我国环境标准从制（修）订到发布实施有严格的工作程序，使环境标准具有规范性特征。国家环境标准又是国家有关环境政策在技术方面的具体体现，如我国环境质量标准兼顾了我国环保的区域性和阶段性特征，体现了我国经济建设和环境建设协调发展的战略政策；我国污染物排放标准综合体现了国家关于资源综合利用的能源政策、汰劣奖优的产业政策，鼓励科技进步的科技政策等，其中行业污染物排放标准又着重体现了我国行业环保政策。

3.环境标准是环境管理的技术基础

多年来逐步形成的环境管理制度，是环境监督管理职能制度化的体现。但是，这些制度只有在各自进行技术规范化之后，才能保证监督管理职能科学有效地发挥。

环境管理制度和措施的一个基本特征是定量管理，定量管理就要求在污染源控制与环境目标管理之间建立定量评价关系，并进行综合分析。因而就需要通过环境保护标准统一技术方法，作为环境管理制度实施的技术依据。目标管理的核心是对不同时间、空间、污染类型，确定相应要达到的环境标准，以便落实目标管理责任制的对象，有的放矢地进行城市环境综合管理定量考核。

污染源监督管理，一方面需要从目标管理确定的环境质量要求中落实重点控制目标，另一方面需要从污染物排放标准和区域总量控制指标出发，确定建设项目环境影响评价指标和"三同时"验收指标，确定集中控制工程与限期治理项目对污染源的不同控制要求，确定工业点源执行排放标准和总量指标的负荷分配量，以及相应的排污收费额度。

总之，环境标准是强化环境管理的核心，环境质量标准提供了衡量环境质量状况的尺度，污染物排放标准为判别污染源是否违法提供了依据。同时，方法标准样品标准和基础标准统一了环境质量标准和污染物排放标准实施的技术要求，为环境质量标准和污染物排放标准正确实施提供了技术保障，并相应提高了环境监督管理的科学水平和可信程度。

4.环境标准是推动环保科技进步的动力

环境标准与其他任何标准一样，其是以科学技术与实践的综合成果为依据制订的，具有科学性和先进性，代表了今后一段时期内科学技术的发展方向。标准在某种程度上成为判断污染防治技术、生产工艺与设备是否先进可行的依据，成为筛选、评价环保科技成果的一个重要尺度；对技术进步起到导向作用。同时，环境方法、样品、基础标准统一了采样、分析、测试统计计算等技术方法，规范了环保有关技术名词、术语等，保证了环境信息的可比性，使环境科学各学科之间，环境监督管理各部门之间以及环境科研和环境管理部门之间有效的信息交往和相互促进成为可能。标准的实施还可以起到强制推广先进科技成果的作用，加速科技成果及污染治理新技术新工艺新设备尽快得到推广应用。

5.环境标准是进行环境评价的准绳

无论进行环境质量现状评价、编制环境质量报告书，还是进行环境影响评价、编制环境影响报告书，都需要环境标准。只有依靠环境标准，方能做出定量化的比较和评价，正确判断环境质量的好坏，从而为控制环境质量，进行环境污染综合管理，以及设计切实可行的治理方案提供科学依据。

6.环境标准具有投资导向作用

环境标准中指标值的高低是确定污染源治理污染资金投入的技术依据；在基本建设和技术改造项目中也是根据标准值，确定治理程度，提前安排污染防治资金。环境标准对环境投资的这种导向作用是明显的。显然，环境标准的作用不仅表现在环境效益上，也表现在经济效益和社会效益上。

二、环境标准的制定

（一）环境标准制定的原则

在制定环境标准时，我们一般应遵循以下原则：

第一，制定环境标准时，要充分体现国家环境保护的方针、政策和法规，符合我国的国情，既要技术上先进可靠，又要经济上合理可行。做到环境效益、经济效益、社会效益的统一。

第二，环境标准的制定，要建立在科学实验、调查研究的基础上，因地制宜，充分利用大自然的容量和环境自净能力，以保证环境标准的科学性和严肃性。

第三，制定环境标准要做到与其他有关法规、条例、规定和标准协调配套，这样才能够便于环境标准的实施和进行管理。

第四，环境标准既要保持相对的稳定性，又要在实践中不断总结经验，根据社会经济的发展和科学技术水平的提高，及时进行合理修订。

第五，积极采用国际环境标准和国外先进的环境标准，逐步做到环境基础标准和通用的环境方法标准基本上采用国际环境标准，与国际标准接轨，这是加速我国环境标准制定步伐和提高我国环境标准质量的一项重要措施。

第六，制定的环境标准应便于实施和监督管理。

（二）环境标准的制定程序

环境标准具有法律约束性，因此必须要保证其严肃性、稳定性，其制定应按照一定的程序：

1.编制标准制（修）订项目计划

在原有标准制（修）订项目计划的基础上，根据所需要制（修）定的标准组成多学科编制组。

2.组织拟订标准草案

（1）全面开展调查研究工作，调查研究基准资料，并综合分析，确定环境标准的分级界限值，这是编制工作的技术基础。具体而言就是分析研究历年来污染现状的监测数据，了解环境介质中的主要污染物及其背景值，污染现状水平和扩散、稀释规律，确定环境标准中污染物的项目，掌握制订分级标准的基础资料，研究并确定监测方法，包括布点、采样、分析测试和数据处理等。掌握达到各级标准的污染物削减量及其相应的工艺技术和综合防治手段，以及经济代价和效益。

（2）在全面调查和专题研究的基础上，进行综合分析，初步拟定分级标准值。

3.对标准草案征求意见，进行可行性调查、验证

调查、验证环境标准的可行性是十分重要的工作环节，要组织召开专家评议会，向全国各省市、各部门、各有关科研院所和环境监测单位发出征求意见稿，听取不同意见；要通过不同地区、典型城市或企业，进行大量的、长时间的试行验证，证明所制订的环境标准的可靠性、合理性。

4.组织审议标准草案

各地区、典型城市或企业都证明标准可行，即进入审批阶段。

5.审查批准标准草案

经全国审议会和国家标准委员会审议通过，主管领导部门批准后颁布实施。

三、环境标准的实施与管理

（一）环境标准的管理

根据《环境标准管理办法》，环境标准由国家环境保护总局统一归口管理，县级以上地方人民政府环境保护行政主管部门负责本行政区域内的环境标准管理工作，负责组织实施国家环境标准、行业环境标准，同时，各省、自治区、直辖市和一些重点城市也应设置专门机构或环保局设专人管理。标准管理机构的职责是：

1.编制标准制定修订的规划和计划

各级环保部门要研究环境标准规划和体系，进一步提高环境标准的完整性、科学性和实用性。其中，国家环保部门负责组织编制国家和地方制订和修订环境标准的方法指南以及其他的基础标准、方法标准、物质标准及其他标准等，省级环保部门负责制订区域性环境标准。同时，国家环保部门还负责确定环境标准制（修）订程序，并建立各种规章制度，保障环境标准制（修）订程序，并建立各种规章制度，保障环境标准制（修）订工作的贯彻落实。

2.制订环境标准管理条例

环境标准管理条例主要包括以下内容：

（1）条例明确各类环境标准的地位和作用。

（2）明确各种环境标准在标准体系中的相互关系。

（3）规定环境标准审批颁发、废止和实施的程序和方法。

（4）规定环境标准的统一编号及格式。

（5）建立环境标准资料的登记、存档制度。

（6）制订环境标准的基础研究计划。

3.负责环境标准的宣传解释和协调工作

所制定的各种环境标准与广大人民的利益和生产发展的要求是完全一致的。把实施环境标准的意义和内容向人民群众做好宣传解释工作，得到人民群众的了解和支持是一项非常重要的经常性工作。环境标准协调工作同样非常重要，是指协调各类环境标准之间以及环境标准与卫生、渔业、灌溉等标准之间的关系，明确分工，各司其职，共同发挥保护环境的作用。

4.积极开展国际交流工作

我们应该积极开展国际交流工作，具体措施如下：

（1）加强与国际标准化组织中有关环境标准的技术委员会，如空气质量委员会、水质技术委员会及环境管理技术委员会等的联系。

（2）积极参加制订国际环境标准的学术会议，掌握国际发展动态和情报资料，学习和吸收国外科技成果，促进国内环境标准的建设。

（3）组织与国际标准化组织中相关委员会对口的国内环境标准技术委员会，把国内科研、监测机构的力量组织起来，积极开展独立的研究和验证工作，提高对外交流的水平。

（4）要尽可能多地吸收和采纳国际标准，这样既可节省我国制订标准的人力物力，又能扩大对外技术交流和外贸出口。

（二）环境标准的实施

环境标准的实施主要是针对强制性标准的执行情况而开展的监督检查和处理，包括环境质量标准的实施、污染物排放标准的实施、国家环境监测方法标准的实施等六个方面。在实施环境标准过程中，我们应该遵守以下原则：

第一，强制性环境标准是必须执行的，任何单位和个人不得更改。省、自治区、直辖市和地、县各级环境保护行政主管部门负责对本行政区域内环境标准的实施进行监督检查。凡是生产、销售运输、使用和进口不符合强制性环境标准产品的，或者违反环境标准造成不良后果，甚至重大事故者按照法律有关规定依法处理。

第二，县级以上地方政府环境保护行政主管部门是环境标准的实施主体，各级环境监测站和有关的环境监测机构负责对环境标准的具体实施。对违反此类环境标准，对地方污染控制标准的执行有异议时，由地方环境保护行政主管部门进行协调，并由国家环境保护总局进行协调裁决。

第三，环境标准的实施与管理主要是针对强制性标准而言的。有关推荐性环境标准的管理与实施，因采用的自愿性原则使其具有非强制性特征，不论是在管理与实施的形式上，还是在管理与实施的程序上都与强制性标准有很大的区别。

第四，我国现行的各类环境标准基本上是与我国现阶段社会生产力发展水平相适应的。随着经济社会的发展，环境标准也必须要经历一个由宽到严的过程，相对严格的环境标准不仅有利于保护环境，也有助于促进企业的技术进步和科学管理，提高产品的质量和竞争能力。面对来自国际环境标准的压力，我们应加强与ISO（International Organization for Standardization，国际标准化组织）等国际标准化组织的联系与协调，最大限度地避免因环境标准问题影响我国对外贸易。同时，我们还应当充分了解世界各国的环境标准体系和各类产品的环境标准，在加强对进口产品环境管理的同时，借鉴国外的先进经验，改进中国的标准管理，实现与国际环境标准接轨。

第三章 环评机构的依法治理及环境文件的法律保障

第一节 环评机构的依法治理

一、环评机构的特征与分类

环评机构的性质属于介于评估类和咨询类中介机构之间的一种社会组织，具有独立的法律地位，提供专业性的环境影响评价服务，其委托人可以是建设单位也可以是政府部门。同时，由环评机构编制的环评报告为环境保护行政主管机关对建设项目的环境影响进行监督和管理提供支持。不同于其他社会组织，环评机构因参与的业务范围牵涉社会利益广泛，除去其专业技术与服务，环评机构还不得不承担起一种环境权益协调功能和政府监督功能。

目前，环评机构已不再需要环境保护行政部门审批相关资质证书，政府行政部门再无法律授权去评价环评机构的等级，而全部改由市场口碑评价。这意味着，环评机构在资质分类上不再带有行政许可色彩。

若以环评机构参与的范围进行分类，环评机构可以分为以下三类：一是承接政府有关部门组织编制的土地利用规划和区域、流域、海域的建设、开发利用规划，以及相关城市建设、自然资源开发的有关专项规划依法开展的规划环评；二是承接对周边环境有影响的建设项目开展的建设项目环评；三是承接政府对特定行政区域乃至国家发展制定政策的战略环评，评估政府决策在环评领域的合理性，对政府决策提供可行性建议。规划环评是一定区域范围内的宏观要求，建设项目环评是对单个污染项目的微观控制，战略环评重在协调区域或跨区域发展存在的环境问题。目前我国较为普遍的环评集中体现在建设项目环评上，而规划环评和战略环评则相对比较少见。另外，以环评机构提供服务内容方面进行分类，目前在法律法规层面，环评机构提供的专业技术服务内容主要为对建设项目、规划区域以及相关跨区域战略决策涉及的现有环境进行监测、分析，项目、规划建成后会对环境造成的影响分析，项目、规划建成后环境经济损益分析，以及对环境造成的不良影响的对策与建议等方面。

近年来，大批事业单位性质的环评机构变更为企业性质的环评机构，成为社会法人。与一般社会中介机构不同的是，环评机构具有很强的社会公益目的，担负着为公共利益服务的重担。鉴于环评机构的公益特征，国家针对当前中国错综复杂的经济政治形势，对行政机关提出了简化政权的改革要求。环境保护行政领域首当其冲，不再对环评机构进行资质审核，不再对环境影响轻微的项目进行强制环评。这样的修改在立法层面上为建设单位减轻了负担，但是对于环评机构来说，却增加了市场竞争难度。

二、环评机构的法律功能

（一）建设项目环境影响评价领域

2019年11月正式实施的《建设项目环境影响报告书（表）编制监督管理办法》中，明确了取消建设项目环评机构准入资质，有能力的建设单位可以自行环评，不再强制要求环评机构进入环评程序中。这看似是对环评机构法律功能的削弱，但实质上却是"抓大放小"，实行更加精准的分类管理，使环境影响甚微的小型建设项目免于环评冗多的行政手续，不再需要环评报告审批，而改为环评报告表备案制。而对于那些大兴土木、影响深远及涉及公众利益的重大建设项目则需面对更加严格的实质性环评审查。环评机构的进入将发挥其专业功能及完成公众参与机制的法律功能，同时在环评机构工作过程中，环评机构还将起到监督建设项目单位是否按照环评报告要求进行建设的法律功能，以此环评机构能够帮助政府分担一部分监管建设单位和组织公众参与的事务，使政府更加高效地完成审批监督职能。

建设单位应当严格按照名录确定建设项目环境影响评价类别，不得擅自改变环境影响评价类别。环境影响评价文件应当就建设项目对环境敏感区的影响作重点分析，并且针对石油加工和炼焦业、医药制造业及有色金属冶炼业等几个重点高污染型行业领域，仍然保留了严格的环评报告书审批制度，并要求此行业内的建设单位还需要额外对环境敏感区进行重点分析。在上述这些行业中，有不少是国家重点扶持和国家支柱型行业，这些行业的建设项目也都是专业性强，投资大的单位，在面对严苛的环评要求时，这些大型单位和大型项目大概率会聘请专业性强的环评机构为建设项目把关。这也显示出在大型重点建设项目中，环评机构仍旧是环评程序的最重要参与者，环评机构得出的环评结论将影响重大建设项目的开展与进程。

（二）区域规划的环境影响评价领域

在我国现行的环评法律法规体系中，规划环评始终处于整个环评程序的最高位阶。在环境影响评价制度的未来的改革中，规划环评也将作为环保行政部门的工作重点，同时环评机构能够提供专业监测与专业评价意见的第三方服务机构，在规划环评中将起到一个承上启下的作用，并承担了监督政府部门规划决策合理性的法律功能。

在规划环评领域，所需评测的可能是多个建设项目叠加起来的项目群组，往往涉及区域的发展和影响。因此在规划环评领域中，环评难度非常大，基本不存在建设单位自行就可以进行环境影响评价的情况，环评机构的专业性将会淋漓尽致地显现出来。在环评过程中，因规划环评涉及领域广、跨度大，牵扯的地方利益纠纷也很广泛，导致对环评机构的专业要求和经济分析要求很高，在不同的环境专业方面，还可能需要多个专业环评机构一同协作，相互探讨才能得出最终结论。2020年3月开始实施的《规划环境影响评价技术导则总纲》较为详细地为环评机构指明了规划环评的范围与流程，这在环境影响评价体系中属于首次对规划环评进行如此详细的技术指导，也体现了国家对于规划环评机构的重视。

（三）战略决策的环境影响评价领域

当前世界经济形势复杂，我国经济呈下行趋势，经济增速放缓。在政策制定方面，我国始终坚持可持续发展和生态文明建设，而在经济下行的大背景下，大型跨区域和跨国基建项目可能会大量回归公众视野。纵观我国的环境影响评价法律体系，战略决策的环评处于空白阶段。而随着规划环评的进一步深化完善，学术界诸多学者认为未来几年将会是一个建立我国战略决策环评体系的重要时机。在战略决策领域，环评机构将承担为政府决策提供环境方面的可行性评估和替代方案的作用，从而起到监督政府合法合理决策的法律功能。

环评机构在进行环评监测、评价及分析中，不能仅仅考虑对于自然环境的影响，还需要考虑的是对于决策、地方政治、经济及文化等人文领域的影响。环评机构的功能不仅仅体现在一个建设项目、一个区域的环境影响评价与分析，还将规制监督政府决策，为政府理性决策设置一道监督岗。

三、环评机构目前存在的问题

（一）环评机构工作过程不规范

尽管生态环境部2016年发布的《建设项目环境影响评价技术导则总纲》（以下简称《建设项目技术导则》）和2019年发布的《规划环境影响评价技术导则总纲》（以下简称《规划技术导则》）等多项法律标准为环评机构的具体工作流程提供了极大的参考。但是细究这两部环评领域最重要的技术性法律规范，都没有针对环评机构的具体工作流程做出较为细致的规定。《建设项目技术导则》根本不包含环评机构的工作规范，而《规划技术导则》中只使用了不到一页A4纸的篇幅概括性地将环评机构的工作流程介绍了一下。且这两部技术规范中也未指出环评机构违反技术导则应承担的法律责任，因此这两部法律规范的效力在实践中难以发挥。但是环评机构在具体工作实践中暴露出来的问题却极大地影响了我国环境影响评价法律制度的施行。

首先《建设项目技术导则》和《规划技术导则》两部法律规范均提出了现场实地调查的要求，但是实际上环评机构对于现场调研和实地考察的理解却各有不同。目前实践中绝大部分环评机构的现场调查还停留在"拍项目现场照片"、在项目现场分发问卷、在项目附近走访一下，整个现场调查过程不会超过两天。然后主要依靠建设单位和政府部门提供的数据和情况，投入到环评报告的编制工作中。这样的现场调查工作，显然远不能达到《建设项目技术导则》和《规划技术导则》两部法律规范要求的标准。并且建设单位和政府部门提供的数据具有一定的盲目性，为了通过环评审批建设单位可能会提供虚假和未经实地考证的现场数据，导致最终环评结论的偏差。除去现场实地调查工作的"偷工减料"，许多环评机构为了能够尽快收到建设单位的委托费用，利用自身的专业技术能力，凭借钻法律漏洞以加快项目通过审批。例如，环评机构帮助建设单位改变项目名录从高污染项目转变为低污染项目，或者把一个跨区域的大型项目拆分为两个小项目，以此降低审批部门的行政级别等。这些环评机构在工作过程中的不规范之处，极大地影响了后续环评报告的编写，以及减弱了环评分析结论的可信度。

（二）环评机构监管秩序混乱

环评领域的立法相对分散，有权对环评机构进行监管的部门也并不集中，中央与地方的环保行政部门监管能力差别较大。在我国已经实行了30多年的行政主导型环评法律制度在2020年进行了较大变革，"服务型"政府替代了过去30年的"行政主导型"政府。在此背景下，环评机构的监管秩序亟待重建。

因环评领域的特殊性，不同专业领域的环评对法律规范和技术规范的差别很大，因此应出台更具针对性的法规予以明晰。目前环评法律法规立法较为分散，立法级别也很低，在遇到环评领域的法律问题时，法律的检索与适用也成了监管的难题。因此，对于环评机构的监管机关需具有较强的业务能力，能够合法适用不同的法律法规。目前环评机构的主要监管机关是环保行政部门，但是作为具有一定专业技术条件的行政部门，地方与中央的环保行政部门执政能力差异较为显著，地方基层环保行政部门掌握着八成以上的环评机构监管执法权，但是基层行政部门在实践中却很难对环评机构进行有效监管。主要是因为环评机构可以全国承接项目，对于环评机构的日常管理有工商部门和税务部门，而针对环评机构的专业监管往往基于环评机构所承接的项目，绝大多数环评机构能够承接全国的环评项目，而地方基层环保行政部门很难追随环评机构实现全国执法。即使环评机构在登记地承接环评项目，地方基层环保行政部门也不受地方政府部门的重视，众多地方政府部门认为环保行政部门的执法阻碍当地经济发展和城市建设，在实践中不予以环保行政部门必要的协助与配合，致使地方环保行政部门难以进行执法工作。

（三）环评程序监管缺失

在2003年我国建立环境影响评价法律制度以来，从监管层面来看基本围绕着环评前置性否决权装置，对环评机构的市场准入门槛较高，对环评机构资质许可审核要求严格。但是从2019年取消环评机构资质许可开始，我国对于环评机构的监管开始向环评程序事中、事后的监管转变。为此，我国也积极出台了一系列监管法规，但是我们也要理解，中央出台的政策法规，地方进行消化与付诸施行仍然需要时间。目前众多的环评机构，基层执法力量却很有限，对环评事中、事后的追踪监管仍然会有所疏漏。

目前所谓环评改革之后的事中、事后的监管基本依据生态环境部出台的《关于强化建设项目环境影响评价事中事后监管的意见》，但是该意见只是框架性地提出对下级环保行政部门的监管要求，具体的执法细则还没有在全国范围固定下来。并且对于目前的监管意见主要是针对建设项目，而环评制度中更高位阶的规划环评还处于事中事后的监管盲区。而针对环评机构的监管基本可分为程序性的监管与实体性的监管两部分。针对环评机构的实体监管主要围绕着环评机构出具的环评报告进行审查，而一些大型复杂的建设、规划项目的环评报告书往往专业性极强，因此环保行政部门很难从中发现问题。鉴于环评机构从事行业的极高专业性，无论是环保行政部门还是司法机关都难以实现针对环评机构的实质性审查。而针对环评机构的程序性监管，因环评涉及面广，我国公众普遍环保意识不强且公众具有一定的盲目性，在参与环评程序时很难合法理智地表达意见。同时伴随监管程序与方式的调整，环保行政部门与环评机构仍需探索事前监管到事后监管的路径，在取消了对环评机构资质审核之后，如何治理和甄别不符合标准的环评机构，也是环保行政部门面临的巨大挑战。

（四）环评机构内部管理制度混乱

我国的环评机构长期以来属于政府部门下属的事业单位，极少部分私营环评机构采取"公司制"的组织管理方式。在这样的管理模式下，单位公司的负责人并不是环评领域的专业人士。而真正进行环评的工程师不能完全对环评报告负责，导致环评报告出现问题时很难把法律责任落实到真正责任人身上，最终使环评成了一道形式化的程序。

另外，针对环评机构内真正从事环评行业的工程师来说，他们日常工作所需面对的往往是较为强势的甲方，相对于委托单位，环评工程师处于行业中的弱势地位。在甲方的压力下，环评工作难以客观高效地进行。同时环保行业的从业协会在我国发展有限，而完全针对环评从业人员的协会也不具有话语权，这使很多具有较高专业素养的环评专业人才无奈转行。

四、环评机构的外部监管：实体设定

我国针对环境影响评价这一事项，在立法层面给予充分重视，目前已经初步形成了环境保护法律法规体系，而其中居于核心地位的就是环境影响评价制度。《环境影响评价法》是环境影响评价法律法规体系的中心以及重心，该部法律较为详细地阐述了立法目的，并将调整范围扩大到规划项目上。进行规划环评的主体为国务院有关部门及设区的市级以上人民政府，而进行建设项目环评的主体则为建设项目单位，并且新修订的《环境影响评价法》不再将环评机构作为唯一有法定资质进行环评的主体，而把环评这项法定任务主体变为建设单位，按照"谁建设谁环评""谁受益谁担责"的原则，由建设单位决定是否委托环评机构进行环评。除去国家法律，生态环境部和各地方政府也纷纷出台了相关的部门规章和行政法规，包括《建设项目环境管理条例》《规划环境影响评价条例》等，这两部法规在《环境影响评价法》的基础上进一步将环评应包括的内容细化，分类说明了在不同领域环评报告具体应该如何编写，并对审批审查的主体以及流程展开说明。

为了保证环评制度的合理性，以及程序正义的实现，环评制度中最具特色也是最重要的就是公众对于环评的深入参与。2015年的《环境保护公众参与办法》算是为环保法领域的公众参与机制设定了一个基本的框架，2019年《环境影响评价公众参与办法》正式出台，为环评程序设计了一个史上最细致的公众参与机制。在该办法中，立法机关不仅做出了公众参与应该遵守的程序，并提出了环评过程中公众参与的组织单位应为建设单位和环评机构，而环保行政主管部门处于监督协助的地位。同时该部法律也将环评公众参与表格作为范例，鼓励参与环评的公众、专家代表能够将联系方式具体填写，方便日后进行追踪监管。

环境影响评价从科学层面上看是一种针对环境科学的专业技术。因此我国陆续出台相关法规统一环境影响评价标准，以《环境影响评价技术导则总纲》为中心的二十多项环境影响评价具体技术标准。其中在2019年为落实《"十三五"环境影响评价改革实施方案》，生态环境部又补充定制及修订了《环境影响评价技术导则一生态影响》《环境影响评价技术导则一声环境》《环境影响评价技术导则一陆地石油天然气开发建设项目》《环境影响评价技术导则一民用机场》和《环境影响评价技术导则一公路建设项目》等多部专项环境影响评价技术标准。

2018年至今，在依法治理环评机构和加强对环评机构的监管方面，国家的行政法律法规亦有所调整。在《环境影响评价工程师职业资格制度暂行规定》和《环境影响评价工程师职业资格考试实施办法》两部法规的调整下对专业人员进行考核和监管。对于环评机构的日常工作监管要求，生态环境部向各省、自治区、直辖市环境保护厅（局）及新疆生产建设兵团生态环境局下发了《关于强化建设项目环境影响评价事中事后监管的实施意见》，在该意见中生态环境部提出对环评机构的监管要求。加强对环评机构编制环评报告的审查，并加强对于环评机构后环评程序的监管。在监管主体上，由"谁审批谁监管"的原则，并由省级以上环保行政部门进行行政监督工作。但是目前对于环评机构监管的法规均为地方性法规，立法相对分散，相关法律法规及政策文件仍然很多。但不同地方政府执行环评法律法规的执行力度还不够大，并且因环评程序可能在一定程度上约束政府行为，一些需要环评的项目往往是政府财政的重要来源，地方利益纠葛较为复杂，环保部门权利和职能相对其他政府行政部门，地位尴尬，很难进行有效实施监管。因此我国应进一步完善环保机关垂直层级监管制度，使环保机关独立于其他行政机关。伴随环境影响评价审批权下放，应赋予设区的市以及县级环保主管部门对环评机构的日常违法行为实施行政处罚的权利。一旦赋予基层环保主管部门独立进行行政处罚的权利，就意味着基层环保主管部门的职权进一步加强，并在立法层面敦促各地方依据各地自然环境、社会人文环境的现实情况，设定完善的法律法规体系，让地方基层环保行政部门有法可依，有权可使。

五、环评机构内部治理规范设定

（一）环评机构组织形式的优化

我国近些年来进行了浩浩荡荡的"环评风暴"，首当其冲的就是取消了对环评机构资质审核手续，将环评机构彻底放归市场，保障了环评机构的独立性。但是因为环评机构参与的领域往往是公利与私利的冲突焦点，不具有公权力且组织规模较小的环评机构成了各方势力弹压的对象。甚至有学者认为即使环评机构完全市场化，也难以避免成为"政治的婢女"，在各方利益的挤压下不得不妥协。

除上文所述，从程序法、实体法角度规制环评机构，加强政府对于环评结果的重视以外，立法者与监管者还需促进环评机构内部治理体系的优化。

因为目前绝大多数环评机构采取的公司制管理结构更加注重私利，在这样的管理结构体系下，很难发挥出真正取得环评资格证书的专业环评工程师的主动性。并且结合环评机构的法律责任来分析，环评机构所承担的是连带侵权责任，显然如果采纳合伙制的组织管理结构能够更好地承担连带责任，符合连带责任的法理。作为编写环评报告的专业人士作为合伙人参与到机构的运营中，同时对自己出具的环评报告及结论负责。如果采纳公司制的管理结构，因公司的资合性较强，导致法律责任的承担以股东出资为限度，不利于追究直接责任人的侵权责任。环评产业并不是一类资本密集型产业，相反它应当是知识密集型产业，需要环评专业人士主导这项产业，而不是一切向资本看齐。因此合伙制的组织形式更适合环境影响评价行业的特点，合伙人承担无限连带责任的规定也更符合社会大众的要求，有利于督促环评从业人员更加谨慎地进行环评业务，同时更有利于实现对法律责任的追究。以合伙制出现的环评事务所可能会是未来5年的大势所趋，在这样更为专业化的组织形式下，也有助于构建环评机构自身规章制度，进一步规范环评产业。

（二）加强环评机构自身规章制度的建立

我国的环评机构由于历史原因，一直挂靠在政府部门、事业单位的体制内单位内，自身规章制度的建立一直未能步入正轨。环评机构自身规章制度的建立应该与环评产业的特点有机结合起来，因此环评机构自身规章制度的建立应该主要集中在以下三个部分：

第一，利益分享机制。作为一个知识密集型产业，应当极大地重视专业技术人员的激励。无论是公司制环评机构还是合伙制环评机构，环评专业人员都应该是机构的核心，不能仅仅把环评专业人员视为一个普通的公司雇员，只能领到微薄的固定薪酬。而应该将环评专业人员的薪酬与其参与项目的主要收益联系起来，按照付出的工作时长进行分配。

第二，文件档案管理制度。因为环评报告作为环评机构的主要工作成果，并且也是环保行政部门定期审查的主要内容，因此在环评机构中应当设专人负责管理归档这些环评文书，若有必要可以委托第三方文书管理公司进行封存，以便于查找。

第三，文件质量审核保管和印章管理制度。关于文件的审核应该充分发挥不同团队的交叉审核机制，以此避免文书出现最终的纰漏，同时在最终盖章用印的问题上，应当进行相应的记录和管理，避免不合格文书盖章生效。

（二）加强审核环评机构人员的资质

1.建立环评人员从业协会

由于环评机构一直以来隶属于环保行政系统，未能作为独立的市场主体承担责任。由此导致环评机构被迫独立后，在很多事务性问题上不具有和其他市场化机构同样的能力。在此背景下，更凸显出建立环评人员从业协会的紧迫性。环评人员从业协会一般被认为是一个行业自律性组织，其职能包括但不限于组织从业人员培训，帮助环评机构更好地适应市场，帮助环评从业人员维权，增强环评从业人员的话语权。

其实早在2015年国家有意推进环评机构独立性改革的大背景下，环评行业自律组织的建立就呼之欲出，经过3年的酝酿和组织，经民政部批准成立了中国环境保护产业协会环境影响评价行业分会（以下简称"环评分会"）。环评分会主要作用在于组织相关专业的专家和学者定期定时举办论坛讲座等活动，为环评从业人员提供不断的技术支持与知识更新。使得中国的环评从业人员提升自身业务能力，不断向美国等西方发达国家接轨。因此，我们应在环评领域内成立一个纯粹独立的自律组织，能够更好凝聚环评专业人员的力量，使环评不屈服于公权力的管控。

2.环评人员资质审核

在《建设项目环境影响评价资质管理办法》失效之后，针对如何管理环评从业人员又提出了新的要求。目前在我国境内，从事环境影响评价的专业技术人员主要为注册环评工程师。环评工程师需要通过全国环境影响评价工程师职业资格考试才能正式进入环评领域进行环评报告的编写。通过职业资格考试，拿到职业资格证书，是环评资格工程师的准入门槛，环评工程师的后续资质审核是以注册管理制度进行审核的。按照2004年原人事部及国家环境保护总局共同制定的《环境影响评价工程师职业资格制度暂行规定》，环境影响评价工程师实行三年一登记的审核模式，由人事部对职业资格和业务情况进行检查，即环评工程师的资质审核工作并不由专业的环保部门进行检查监督。但在实践中，因为人事部门并不掌握环评领域的专业知识，整个后续的注册登记制度处于形式大于内容的现实中，环评工程师一旦取得职业资格，只要不受到法律处罚，基本等同于终身制。而2019年声势浩大的环评改革，索性将这种登记管理制度一并取消，旨在弱化环评产业的行政色彩，至此连一个不太完善的资质审核制度都不复存在了，环评从业人员的资质审核完全依靠自律。对于环评从业人员的日常管理与事后责任追究，只能完全依附于政府对环评机构的治理体系。因此，对于环评工程师的资质审核问题，不能仅仅停留在资质准入考试中，还要依靠行业自律机制对环评从业人员的执业进行相应的限制，应由环保行政主管机关进行监督。另外对注册环评工程师的登记也需加强监管，可采取互联网和移动客户端等新方式鼓励环评人员进行网上注册，一来可以便于环评人员进行登记，二来便于政府收集数据。同时要求注册环评工程师在注册时上传自己参与的项目工作底稿与编制的文书，以提高环评工程师日常工作的效率。

3.环评人员征信制度

建立一个有序的环境信用管理制度，对保障我国的生态环境和公众环境权益。国务院在《社会信用体系建设规划纲要》中提出了强化环评机构及其从业人员信用考核分类监管要求。生态环境部2019年出台的《建设项目环境影响报告书（表）编制监督管理办法》规定，建设全国统一的环境影响评价信用平台。这是我国首次在法律法规中规定环境影响评价平台，虽然这是环境影响评价的极大进步，但是信用平台由谁负责，如何公开，以及如何能够建立跨区域环评信用平台还属于摸索阶段。

信用平台的建设，可以采取结合"互联网+"模式，方便建设单位和公众能够更为便利地查找到相关环评机构和从业人员的信用信息。且信用平台应当收录跨区域的全国范围内的环评机构和从业人员信息，建立环评机构与从业人员诚信管理档案，并不只收录负面信息，也同样收录正面信息，依靠大数据分析设定环评机构的信用等级。需要购买环评服务的单位和公司能够利用信用平台来筛选购买哪一家机构的服务，以此倒逼环评机构及其从业人员诚信经营，勤勉工作获得更高的信用评级。

另外，环境影响评价信用平台的建设还需建设相应的环评机构及从业人员失信惩戒制度。明确失信行为的内容、界限及情况，明确失信行为应比违法行为的定义更加广泛，把一些未能触犯法律法规但又确实违反了环评从业人员职业道德的行为计入进来。明确有差异的失信惩戒手段，可采取信用降级，失信积分，并与环保行政部门建立联动机制，失信达到一定积分将受到行政处罚的一系列惩戒手段，将不同程度的失信行为与不同的失信惩戒手段对应起来，使得信用平台能够对环评机构及环评从业人员起到监督促进作用。

第二节　环评文件质量监督的法律保障

一、环评文件的定义及其质量监督的保障体系

（一）环评文件的定义

环评文件就是"建设项目环境影响评价文件"的简称，依据建设项目对环境的影响程度进行细分，对环境可能造成"重大影响""轻度影响""很小影响"分别编制环境影响报告书（以下简称环评报告书）、环境影响报告表（以下简称环评报告表）以及填报环境影响登记表实行分类监管。与此相对应，环评报告书对产生的环境影响需要进行全面分析，而环评报告表不需要全面分析环境影响，可以进行环境影响的专项评价或分析。

目前，建设项目环评文件的编制主体呈现出一种可供选择的模式，旨在减轻环评行业乱象，也是迎合国家"简放优"（简政放权、放管结合、优化服务）和坚持市场化导向的必然选择。但是，由此造成的建设项目环评文件编制主体组织形式的不统一，一定程度上影响环评文件编制质量，将在后文进一步展开论述。

建设项目环评报告书应当包括实施该项目对环境可能造成影响的分析、预测和评估，预防或者减轻不良环境影响的对策和措施以及环境影响评价的结论，建设项目概况、建设项目周围环境现状、建设项目环境保护措施的技术、经济论证以及建设项目实施环境监测的建议。同时，环评报告所必须具备的内容，也在相应的技术导则规范下完成分析、预测和评估。

综上所述，环评文件就是由相应编制主体在技术导则的标准下按照既定的内容，对建设项目可能造成的环境影响分析、预测和评估，制定预防或减轻不良环境影响的对策和措施，并提出项目最终可行性的结论的文件。

（二）环评文件质量监督的保障体系

法律体系通常被界定为"是由一个国家的全部现行法律规范分类组合为不同的法律部门而形成的有机联系的统一整体"。因此，对"环评文件质量监督的保障"的研究必须从"法律体系——部门法"理论角度展开才具有最大的说服力。

平衡、完整的法律体系必然是既包括硬法也包括软法的。学者罗豪才和姜明安认为，"软法"也是法，行政立法以外的规范性文件属于软法范畴。学者罗豪才认为，将软法规范纳入法律理论体系，完善了法律体系，丰富了法律理论。公共治理的主要工具手段是法，并且不再满足于硬法，软法逐渐成为一种重要的治理工具。20世纪90年代，联合国全球治理委员会列出了治理的四个特征，其中强调主体的开放性和治理过程中的协商性，也就是治理不可能沿用以往的命令——服从式监管，而应更尊重与他方意志的协调和商谈。这也进一步决定了治理由强制手段逐渐转化为柔性治理手段。因此，环评文件质量的监督不仅要依靠法律体系中的法律、行政法规、地方性法规三个层次的保障，也需要同样是法的大量规范性文件的保障。

（三）环评文件法律地位的落实

环评法律制度是将评价环境影响的技术通过法律加以严格规定，将技术与法律相融合的制度，因此环评制度本身具有科学性、综合性等特点。只有高质量的环评文件，才能确保对潜在不良环境影响分析的准确性、客观性或防治污染对策的可行性，为环评制度预防原则的实施提供条件。环评法律制度以环评文件质量监督为核心，有利于环评文件在环评法律制度中核心地位的确立和巩固。

环评制度已从多个角度肯定了环评文件的法律地位：

第一，《环境保护法》第41条，规定"三同时"制度，防治污染设施应当符合环评文件的要求，不得擅自拆除或闲置，环评文件的法律地位在"三同时"制度中已有体现。

第二，《排污许可管理办法（试行）》，核发排污许可证的环保部门应当根据环境影响评价文件和审批意见要求确定排污单位的许可排放量。即在排污许可制度中，环评文件也是作为核发排污许可证的重要依据之一。

第三，《建设项目竣工环境保护验收暂行办法》第3条第3款，建设项目竣工环境保护验收的主要依据之一是，建设项目环境影响评价文件及审批部门审批决定，可见环评文件的地位在环保验收制度中也早有体现，通过对环评文件的审查完成环保验收工作。

第四，《环境保护法》《环境影响评价法》对于建设单位、环评技术单位的处罚依据是环评文件存在基础资料明显不实，内容存在重大缺陷、遗漏或者虚假，环境影响评价结论不正确或者不合理等严重质量问题；或者是未依法报批建设项目环境影响评价文件，擅自开工建设等，更多地关注在环评行为或环评文件本身，强化了环评的责任主体意识，有助于规划编制单位或建设单位自觉承担防止环境和生态污染的义务，逐渐将环评制度的执行回归法律本意。落实环评文件的法律地位也是适应政府职能转变和简化审批流程的要求。生态环境部发布的《关于深化生态环境保护综合行政执法改革的指导意见》中明确规定，加快审批制度改革，持续精简审批环节，更加聚焦环境影响事项，加强环评质量监督。

二、环评文件质量监督的立法完善建议

（一）改革编制主体的组织形式

环评技术单位是环评文件的编制主体，虽然仅对环评文件的质量承担与委托方的连带责任，但是环评技术单位从接受委托到编制的整个过程是最有话语权的。因此，通过对环评技术单位组织形式上的改革可以保障对环评文件质量的把控。

对于环评技术单位的组织形式的选择，应突出环评工程师的独立地位，强化其个人责任，树立起责任意识有助于提高环评文件质量。合伙制企业是最灵活、最具有生命的，也是人类社会最古老的企业组织形式之一，在美国服务领域如法律、会计、医疗等行业内被广泛采用的一种企业组织形式。环评技术单位作为技术服务型行业，同样可以鼓励采取灵活经营性的合伙制的形式，更能使刚完成改革的环评技术单位尽快适应市场经济。

环评技术单位最主要的特点是技术性，以智力投入为主、资本投入为辅的知

识密集型的机构，其应以服务质量和人力资本作为市场竞争的优势。而合伙制内合伙人可以技术、人力、资本等作为出资方式，共担风险、共享收益，也可以有效解决环评技术单位内部治理结构的失衡问题。合伙制"人合"的特点，充分发挥环评技术单位人员的专业性优势，在对环评技术人员积极性的调动上和责任心的培养上有着无可比拟的优势，同时也将经营风险与合伙人相挂钩，因此从企业的长远发展和自身利益出发自觉遏制了环评技术单位屈服于权威的风险，可以通过鼓励的方式引导环评技术单位采取合伙制的组织形式提升内部人员的积极性，从而实现对环评文件质量的把控。

（二）厘清环评文件编制中各方参与主体的职能

不难看出，委托方和被委托从事环评的技术单位在编制环评文件过程中的"互相配合"原则上强调的是"流水作业的连续性"，将环评法律制度变成由委托、编制、审批三道工序组成的统一行使职权、快速高效运转的流水线。由此，在委托方和环评技术单位之间混淆了部分职能，明确三方主体在环评不同阶段的职能，在环评的事前阶段，委托方的工作是以编制单位的人员配备、工作实践和保障条件等三个方面的情况，优先选择符合要求的技术单位为其编制环境影响评价文件，并应与主持编制的技术单位签订委托合同，约定双方的权利、义务和费用。而审批单位则应严格按照《环境影响评价法》第20条，不得为委托方指定编制环境影响报告的技术单位。

环评的事中阶段，重点审查的是环评技术评估能力以及环评文件的数据是否真实、分析是否正确、结论是否可靠，进而实现与环评审批程序的无缝连接。委托方应如实提供基础资料，落实环境保护投入和资金来源，其他之外的涉及环评文件内容的工作应交给环评技术单位去完成。在环评阶段，公众的意见是补充环评技术单位信息量，并保证合理信息在评价中发挥作用，使评价结果更具科学性的关键。因此，可以将此项工作交由审批机关或环评技术单位去进行。因为无论是审批机关或是环评技术单位都具备专业技术分析能力，可以在收集整理公众意见的过程中，有针对性地对公众做出说明和采纳。

（三）拓宽公众对环评文件质量监督的渠道

公众参与是最能广泛监督环评文件编制质量的方式，公众在主体范围和利益相关程度上都体现其监督的有效性。公众可在环评技术单位编制环评文件的整个阶段，充分行使对环评文件的意见权、监督权，一定程度上实现环评文件的客观性。但是仅从文件编制过程参与，监督是不充分的，其参与的本质在于参与行政决策的过程以保障其合法权益，因为他们是该项行政决策的利害关系人。

虽然普通民众不一定能够充分了解那些专业的模型、公式、指标的含义，但他们天然知道这些结果与其自身利益息息相关。因此，在公众有限参与环评的条件下，只有通过有效的公众参与方式来确保公众真正起到监督环评的作用。根据《环境影响评价法》第11、21条规定，规划和建设单位对规划可能造成不良影响或建设项目重大影响的情况下，应当举行论证会、听证会，或采取其他形式，征求有关单位、专家和公众的意见。除此之外，《建设项目环评审批程序规定》第13条也规定了在某些情况下可以举行听证会，听取有关单位、专家和公众的意见。上述法条在公众参与的形式上，"举行论证会、听证会，或采取其他形式"，这里的"或者"实际上只是批机关在采取何种形式进行公众参与的问题上有较大的自由裁量权，在具体操作时"采取其他形式"并未违反法律规定，其结果往往可能只是单方面的信息披露，公众丧失主动权，效果上失去了听证会所特有的双向交流互动形式。

因此，应将其他形式在实施中予以明确，同时赋予规划部门或建设单位以信息公开与举行互相沟通的会议形式来征求公众意见的义务，这样才能使公众真正享有参与权利。同时环评技术单位和行政审批机关在举行听证会的过程中，应明确听证的目的是让公众了解项目对环境的影响，听证过程中对公开的信息应该做到重点突出，对项目的主要污染特点、程度等公众急需、理应了解的基本信息应详细阐明，对于无关公众切身利益的环评信息不需过多篇幅来混淆视听。并且，环评技术单位对污染防治设施的防治效果应实事求是，不应避重就轻甚至夸大其防治效果，为达到美化环评结论的目的而欺瞒项目所涉及的敏感性问题，应采取通俗易懂的方式对专业术语进行解释，保证公众的知情权。

（四）逐渐引入替代方案

"没有比较就没有政策"，是对环评文件中替代方案重要性的普遍认同。对于环评文件中的替代方案，在我国地方性法规中已有尝试，例如《深圳经济特区建设项目环境保护条例》第11条第2款，环评文件在对建设项目主要工艺、技术和材料分析的基础上，可根据需要提出相应的替代方案或者暂缓措施。除此之外我国已有的环境影响评价技术导则也规定了替代方案的内容。如《环境影响评价技术导则地表水环境》中规定，针对建设项目实施可能造成地表水不利影响的阶段、范围和程度，可提出环保措施或替代方案。《环境影响评价技术导则广播电视》中规定，当建设项目进入环境敏感区时，环评报告书中需增加站址方案比选的内容，必要时提出替代方案，并进行替代方案环境影响评价。

既然在法规、技术导则及实践中替代方案已有规定和尝试，那么接下来就应逐渐将替代方案列入环评文件的法定内容，但是考虑到我国经济发展状况，若将所有拟议方案都配套设计相应的替代方案有点不切实际。因此，替代方案作为环评文件的内容可以分阶段和分项目推进。可以考虑替代方案先运用于环境影响范围广泛的规划环评和部分建设项目环评，因为规划环评往往涉及的是国家或一个区域的全局性的环境问题，若规划布局不当，对环境的不利影响是深远的，范围是广泛的，因而可优先运用于规划环评和部分建设项目环评。

（五）细化技术评估制度的细则

基于我国环评审批过程中技术评估的缺陷，就要在环评技术评估作为非强制性介入的制度下，进一步完善环评审批部门对技术评估机构的选择标准、方式，以确保环评审批部门最大限度发挥环评技术评估在环评文件质量监管中的最大作用。

第一，鼓励"第三方"评价机构介入环评审批过程中，在有条件的情况下，对于环评文件的审查工作可交由通过招标形式委托环评技术评估机构开展。虽然技术评估的结论不具有法律效力，但是鉴于其对环评审批提供重要的参考价值，可以借鉴《俄罗斯联邦生态鉴定法》的规定：第三方技术评估鉴定的结论，经被专门授权的国家生态鉴定机关确认后即具有法律效力。将环评审批过程中被采纳的技术评估予以确认和公布，当发生环境污染时可以作为公众起诉或追偿的依据。

第二，在环评技术评估机构的选择标准上，《编制监督管理办法》第9条对其做出了一定限制，开展环评技术评估的单位，不得作为编制环境影响评价报告书（表）的技术单位，因此，在环评技术评估机构的选择上较为严谨。在这种前提下，为了保障技术评估的及时和准确，就应该发挥规范性文件的灵活性特点，不同地方的环境保护主管部门可以制定相关规范性文件，对于聘请第三方环评技术评估的单位的标准、方式等做出规定，必要时可以建立一个专门的数据库记录，由符合标准的第三方机构主动申报，逐渐形成一个完整的第三方机构评估系统，但是值得注意的一点，评估过程应严格按照国家的技术标准，以防不同地方第三方技术评估过程的不一致。无论是建设项目环评结论还是规划环评结论首要的就是其科学合理性，最佳的办法自然是鼓励引入第三方环评技术评估机构，如若无法做到由第三方评价而实行"自我评价"，可以逐渐建立内设的环评技术评估专家库，来弥补审批过程中委托技术评估单位的不及时性。

（六）构建常态化的技术复核制度

我们有必要构建常态化的技术复核制度，使之成为环评审批部门事后监管环评文件质量的"终极"手段。

第一，环评技术复核作为环评文件质量的事后保障的重要环节，可以弥补事前、事中保障的不足。为保障环评技术复核成为一种常态化趋势，可以通过立法明确行政部门定期开展环评技术复核，明确规定生态环境部开展季度性的环评技术复核，省级生态环境部门则可以根据具体情况开展定期、不定期或者年度技术复核，将主动权交由地方的目的，使区域间的经济发展和环评侧重点的差异性，更好地激发地方的积极性。

第二，立法上除了对技术复核的周期做出强制规定外，还应进一步制定实施细则，明确规定各级环保部门可以通过政府采购方式委托技术评估机构或者自行开展环评技术复核工作，并纳入政府的财政范围。同时复核内容应通过列举式予以统一，使地方的技术复核工作有法可依。

第三，根据地方环评技术复核工作的通报情况来看多为对相关技术单位的通报批评、限期整改等行政处罚，如宁夏回族自治区对环评技术复核出现的问题所涉及的环评行政审批行为做出了通报但并未公布处理结果。因此，环评技术复核的责任应通过民事、刑事责任予以强化，并可以逐渐将技术复核结果纳入环境影响评价信用平台以此提高环评文件编制质量。

三、环评文件质量监督的司法完善建议

（一）强化司法解释权的行使

无论公众进行司法救济还是在监督行政行为的过程中，司法都始终作为正义的防线，这在环评过程中尤为重要，行政自由裁量权过大需要司法机关来限制，从而弱化行政权对环评的干预。

立法出于对政治或利益团体的妥协，来不及建立一个较为清晰的标准去阐释不确定的法律概念的时候，为了使公众有法可依，有效发挥对环评技术单位和行政机关的监督，应借鉴其他较为成熟的规定进行解释，而不应直接参照其他标准。在事关法律解释的问题上，正如美国大法官斯蒂文斯所奉行的并不是所谓的"司法尊重主义"，相反他是法院职责和司法审查功能的坚决捍卫者。并且不能仅遵循"传统的法律解释方法"被动地行使司法解释权，在没有可依照的法律解释的情况下被动地去尊重行政解释，应通过法律解释的约束力捍卫司法公正。因此，在司法实践中就环评文件弄虚作假的情况判定标准单一，且行政解释也有所欠缺的情况下，应尽早扩展关于环评文件数据弄虚作假行为判定及处理的多元化标准，以确保环评文件质量的监督。除此之外，公众作为环评文件质量最广泛的监督主体，其能否有效参与到环评中对环评文件编制质量的提高至关重要。这就要求司法机关在审理涉及公众参与的环评审批案件中，积极行使司法解释权，明确项目"是否造成重大影响"，且该"重大影响"是否只包含"环境影响"，对于相关利益人的财产权、生命权等的影响是否也包含在内。司法机关在积极解释公众参与中不确定的法律概念的同时，不仅保障了公众参与的权利，也监督了环评文件的编制质量。

为了确保司法机关在进行相关解释时，秉持谨慎、有益的态度，不突破"法官造法"的边界和宪法秩序下的司法功能，最高法院可以通过"答复""复函""批复""通知""意见""规定"等形式，对不确定法律概念及判定标准进行制度创新。另外，还可以通过发展个案，由《最高人民法院公报》进行收纳，对上述概念和判定标准进行的制度创新加以肯定，指导地方各级法院的审判工作。

（二）以程序合法性的判断弥补专业性的不足

美国哥伦比亚特区联邦巡回上诉法院首席法官贝兹伦指出："由于技术上一无所知的法官对数学和科学证据进行实体性审查很不靠谱并可能带来严重危害，我一直认为，我们可以通过致力于加强对行政程序的审查而改善行政决策。"还有一些学者认为，法院可以通过要求行政机关运用使受到影响的个人在决策过程中发挥重要作用的全面程序来改善行政机关的决策。因此，程序的价值不容否认。

环评文件是环评审批的初始信息来源，环评文件的编制是由建设单位委托环评技术单位，在一系列紧密联系的环节中最后得以通过的。司法机关在审理过程中因其专业性太强而放任不管，则环评立法的原始目的将落空。正如美国联邦最高法院在"马萨诸塞州诉联邦环保署案中"斯蒂文斯撰写的判决中："尽管我们既没有专业知识也没有权力评估环保署的这些政策判断，但是，它们显然与温室气体排放是否影响气候变化没有关系，更不用说它们是拒绝做出科学判断的合理的理由了……"。即行政机关的作为或不作为的理由不应由法院去证明，而是行政机关出于自己的专业领域将合理性的证据和事实建立在法律之上，呈现在法官面前由其仔细审查做出判断，才能尊重行政机关的决定，否则司法机关将会在不涉及的专业领域中消耗大量的时间和精力，而忽略行政机关本身行政行为的合法性与合理性。

环评审批机构对环评结果分析后所得出的风险预测，就其专业性而言，法院应该尊重，而并非不加审查全盘接受，即合法性审查与合理性审查并重，以法律和事实为依据，要求环评审批部门在此基础对各种因素和利益分析后做出充分说明。因此，即使司法机关无法深入到专业领域，做出精准判断，但是通过重视对行政行为程序的合法性，同样可以纠正行政审批部门"重结果、轻程序"的思想，促进环评文件质量的提高。

第四章　城市生态环境的保护

第一节　生态系统

一、生态学

生态学以一般生物为研究对象，着重研究自然环境因素与生物的相互关系，属于自然科学的范畴。生态学是研究生物之间及生物与非生物环境之间相互关系的学科。环境科学则以人类为主要研究对象，把环境与人类生活的相互影响作为一个整体来研究，从而和社会科学有着十分密切的联系。由此不难看出，生态学和环境科学有很多共同的地方，生态学的许多基本原理同样也可以用于环境科学中，并作为基础理论而应用到人类的社会中，来研究和解决人类生活与环境问题。

生态学初期偏重于植物和动物，但随着人类环境问题和环境科学的发展，生态学已更广泛地扩展到了人类生活和社会形态等方面，把人类这一个生物物种也列入生态系统中，研究整个生物圈内生态系统的相互关系问题。同时，现代的各种新老科学技术也已渗透到生态学的领域中，生态学正与系统工程学、经济学、工艺学、化学、物理学、数学等相结合产生了相应的新兴学科，这正是生态学的重要发展趋势。生态学研究的对象可以是生物个体（个体生态学）、种群（种群生态学）或生物群体（群落生态学）。

生态系统研究是指将某一环境及其中的生物群体结合起来加以研究的活动。生态系统研究的目的是阐明生态系统的机制；现代生态学强调的这种机制是生态系统中物质和能量的流动。因此，生态系统的研究不再是只依靠生物学家就能够完成的了，而是需要与土壤学家、气候学家水文学家，甚至地质学家，以及与特殊问题有关的化学家物理学家和数学家等在诸多方面进行合作研究。

城市生态学是生态学的一个分支，是以城市空间范围内生态系统和环境系统之间联系为研究对象的学科。由于人是城市中生命成分的主体，因此也可以说城市生态学是研究城市居民与城市环境之间相互关系的科学。

城市是生物圈中的一个基本功能单位，是一种特殊的以人为主体的生态系统。城市生态学以整体的观点开展研究，除了研究城市的形态结构以外，更多地把注意力放在全面阐明它的组分（子系统）之间的关系，以及在它们之间的能量流动、物质代谢、信息和人的流通所形成的格局和过程（即城市的生理方面）。城市生态学综合性很强，并涉及众多的学科领域，只要是与城市有关的或者涉及生态学的问题，都属于城市生态学的研究范畴。城市生态学在极大的程度上属于应用性学科，其研究的首要目的不仅仅是认识城市生态系统中的各种关系，而且也是为将城市建设成为一个有益于人类生活的生态系统寻求出路。

二、生物圈

生物圈也称为生态圈，是指地球上存在着生物并受其生命活动影响的区域。生物圈的概念是由奥地利地质学家休斯在1875年首次提出的，直到1962年，地球化学家维尔纳茨基所做的"生物圈"报告之后，才引起人们的注意。现代对生物圈的理解仍是当时维尔纳茨基的概念。生物圈是指地球上有生命活动的领域及其居住环境的整体，由大气圈的下层、整个水圈、土壤岩石圈，以及活动于其中的生物组成，其范围包括从地球表面向上23 km的高空，向下12 km的深处。但绝大多数生物通常生存于地球陆地之上和海洋表面之下各约100 m厚的范围内。

生物圈主要由三部分组成：生命物质、生物生成性物质和生物惰性物质。生命物质又称活质，是生物有机体的总和；生物生成性物质是由生命物质的有机矿质作用和有机作用的生成物，如煤、石油、泥炭和土壤腐殖质等；生物惰性物质是指大气地层的气体、沉积岩、黏土矿物和水。

生物圈的存在需具备下列四个基本条件：一是可以获得来自太阳的充足光能。一切生命活动都需要能量，这些能量的基本来源是光能，绿色植物通过光合作用产生有机物而进入生物循环。二是有可被生物利用的大量液态水。几乎所有的生物体都含有大量的水分，没有水就没有生命。三是生物圈内有适宜生命活动的温度条件。在此温度变化范围内的物质存在着气态、固态、液态三种物态变化，这也是生命活动的必要条件。四是生物圈内提供了生命物质所需要的营养物质，包括氧气、二氧化碳，以及氮、碳、钾、钙、铁硫等矿物质营养元素，它们是生命物质的组成成分，并参加到各种生理过程中去。

综上所述，生物圈是指在地球上有生命存在的地方。在适宜的条件下，生物的生命活动促进了物质的循环和能量的流通，并引起生物的生命活动发生种种变化。生物要从环境中取得必要的能量和物质，就得适应于环境；环境因生物的活动发生了变化，又反过来推动生物的适应性。生物与生态条件这种交互作用促进了整个生物界持续不断地变化。

三、生态系统的组成及类型特征

（一）生态系统

生态系统也简称为"生态系"，这个概念是20世纪30年代由英国植物群落学家坦斯利提出的，到20世纪50年代得到广泛的传播，20世纪60年代以后，由于世界性的环境污染和生态平衡的破坏等许多关系到人类前途和命运问题的出现，使生态系统的研究得到迅猛的发展，逐渐成为生态学的研究中心。目前，生态系统理论已成为人们普遍接受的理论。

一个生物物种在一定范围内所有个体的总和在生态学中称为种群，在一定的自然区域中许多不同种类的生物的总和则称为群落，任何一个生物群落与其周围非生物环境的综合体就是生态系统。生态系统是自然界一定空间的生物与环境之间的相互作用相互影响、不断演变不断进行着物质和能量的交换，并在一定时间内达到动态平衡，形成相对稳定的统一整体，是具有一定结构和功能的单位，即由生物群落及其生存环境共同组成的动态平衡系统。

生态系统的范围可大可小，小至一个池塘、一片农田；大至整个生物圈整个海洋、整个大陆，都可以作为一个独立的系统或作为一个子系统，任何一个子系统都可以和周围环境组成一个更大的系统，成为较高一级系统的组成成分。

（二）生态系统的组成

湖泊、河流、海洋荒漠、草原、森林、生物圈等生态系统的外貌和特征虽然大小不一、形形色色，各有其自身的特殊性，但也有其普遍性。生态系统包括生物成分和非生物成分。具体来讲，是由四种基本成分，即非生物环境、生产者、消费者和分解者组成。

1.生态系统的非生物成分

生态系统中的非生物成分，即非生物环境是生物生存栖息的场所，物质和能量的源泉，也是物质交换的地方。它包括气候因子，如光照水分、温度、空气及其他物理因素；无机物质，如碳、氮、氢、氧、磷、钙及矿物质盐类等，它们参加生态系统的物质循环；有机物质，如蛋白质糖类、脂类、腐殖质等，它们起到连接生物和非生物成分之间的桥梁作用。

2.生态系统的生物成分

（1）生产者

生产者是指能从简单的无机物合成有机物的绿色植物和藻类，以及光合细菌和化能细菌又称自养者。它们可以在阳光的作用下进行光合作用，将无机环境中的二氧化碳、水和矿物元素合成有机物质，同时，把太阳能转变成为化学能并贮存在有机物质中。这些有机物质是生态系统中其他生物生命活动的食物和能源。可以说，生产者是生态系统中营养结构的基础，决定着生态系统中生产力的高低，是生态系统中最主要的组成部分。

（2）消费者

根据食性的不同或取食的先后，消费者可分为草食动物、肉食动物、寄生动物、杂食动物、腐食动植物。按其营养的不同，可分为不同营养级，直接以植物为食的动物称为草食动物，是初级消费者或一级消费者，如牛、羊、马、兔子等；以草食动物为食的动物称为肉食动物，是二级消费者，如黄鼠狼、狐狸等；而肉食动物之间又是弱肉强食，由此还可以分为三级、顶级消费者。许多动植物都是人的取食对象，因此，人是最高级的消费者。

（3）分解者

分解者是指各种具有分解能力的微生物，主要是细菌、放线菌和真菌，也包括一些微型动物（如鞭毛虫、土壤线虫等）。它们在生态系统中的作用是把动植物残体分解为简单的化合物，最终分解为无机物，归还到环境中，重新被生产者利用，所以，分解者的功能是还原作用，故又称为还原者。分解者在生态系统中的作用极为重要，如果没有它们，动植物的尸体将会堆积如山，物质不能循环，生态系统毁坏。利用分解者的作用而建立的废水生化处理设施，对防止水体污染起到了重要作用。

根据生态系统中各种成分所处的地位和作用，又可将其分为基本成分和非基本成分。生产者和分解者是任何一个生态系统都必不可少的，为基本成分，而消费者不会影响生态系统的根本性质，是非基本成分。

（三）生态系统的类型和特征

1.生态系统的类型划分

生态系统是一个很广泛的概念，可能适用于各种大小的生态群落及其环境。怎样划分生态系统的类型，目前尚无统一的和完整的分类原则。按生态类型的不同，可分为陆地生态系统、淡水生态系统和海洋生态系统。陆地生态系统又分为荒漠生态系统草原生态系统、森林生态系统等。淡水生态系统又分为流动水生态系统和静水生态系统。海洋生态系统又分为滨海生态系统、大洋生态系统等。根据生态系统形成的原动力和影响力（或受人为的影响或干预程度的不同），生态系统又可分为自然生态系统，如原始森林、未经放牧的草原；半自然生态系统，如天然放牧的草原、人工森林、农田、养殖湖泊等；人工生态系统，如城市、矿区、工厂等。

作为生物圈中任何一类生态系统，它们都含有下列三个生命的基本系统：一是交流系统，其功能为执行系统的物质循环和能量流动；二是适应系统，其功能为系统对外界环境产生选择性反应；三是反馈系统，其功能为维持系统的相对均衡状态。生态系统正是通过这三个基本系统，维持自身的平衡。

2.生态系统的基本特征

（1）开放性

生态系统是一个不断与外界环境进行物质和能量交换的开放系统。在生态系统中，能量是单向流动的，绿色植物接收太阳光能，经生产者、消费者、分解者利用、消耗、散失后，不能再形成循环。而维持生命活动所需的各种物质，如碳、氮、氧、磷等元素，则以矿物形式先进入植物体内，然后以有机物的形式从一个营养级传递到另一个营养级，最后有机物经微生物分解为矿物元素而重新释放到环境中，并被生物再次循环所利用。生态系统的有序性和特定功能的产生，是与这种开放性分不开的。

（2）运动性

生态系统是一个有机统一体，它总是处于不断的运动中，在相互适应的调节状态下，生态系统呈现出一种有节奏的相对稳定状态，并对外界环境条件的变化表现出一定的弹性，这种稳定状态，即是生态平衡。在相对稳定阶段，生态系统中的运动（能量流动和物质循环）对其性质不会发生影响。因此，所谓平衡实际上是动态平衡，是随着时间的推移和条件的变化而呈现出的一种富有弹性的相对稳定的运动过程。

（3）自我调节性

作为一个有机的整体，生态系统在不断与外界进行能量和物质交换的过程中，通过自身的运动而不断调整其内在的组成和结构，并表现出一种自我调节的能力，以不断增强对外界条件变化的适应性、忍耐性，维持系统的动态平衡。当外界条件变化太大或系统内部结构发生严重破损时，生态系统的自我调节能力会下降或丧失，造成生态平衡的破坏，也正是当前人类的行为打乱及破坏了全球或区域生态系统的自我适应、调节功能，才导致了如此之多且严重的环境问题。

（4）相关性与演化性

任何一个生态系统，虽然有自身的结构和功能，但又同周围的其他生态系统有着广泛的联系和交流，很难把它们截然分开，表现出系统间的相关性。对于一个具体的生态系统而言，它总是随着一定的内外条件的变化而不断地自我更新、发展和演化的，表现为产生、发展、消亡的历史过程，显现出一定的周期性。

四、生态系统的结构

生态系统的结构是指构成生态系统的要素及其时、空间分布和物质、能量循环转移的路径。其结构包括生物结构一个体种群、群落、生态系统；形态结构——生物成分在空间、时间上的配置与变化，包括垂直、水平和时间格局；营养结构或功能结构——生态系统中各成分之间相互联系的途径，最重要的是通过营养关系实现的。构成生态系统的各组成部分，各种生物的种类、数量和空间配置，在一定时期内均处于相对稳定的状态，使生态系统能够各自保持一个相对稳定的结构。对生态系统的结构特征，一般从形态和营养关系两个角度进行研究。

（一）生态系统的形态结构

生态系统的生物种类、种群数量和物种的空间配置及物种随时间变化等构成生态系统的形态结构。例如，一个森林生态系统中的动物、植物和微生物种类和数量相对稳定，植物在空间分布上，由上到下有明显的分层现象，地上有乔木、灌木、草、苔藓，地下有浅根、深根。在森林中生活的动物也有明显的空间位置，鸟在树上筑巢，兽类在地面造窝，鼠在地下打洞。植物的种类、数量和空间位置是生态系统的骨架，是各生态系统形态结构的主要标志。

（二）生态系统的营养结构

生态系统各组成成分之间建立起来的营养关系，就构成了生态系统的营养结构。由于各生态系统的环境生产者、消费者和还原者的不同，就构成了各自的营养结构，生态系统中的能量流动和物质循环等功能就是在此基础上进行的，所以营养结构也称为功能结构。

1.食物链

生态系统中，由食物关系把各种生物连接起来，一种生物以另一种生物为食，另一种生物再以第三种生物为食等，彼此形成一个以食物连接起来的连锁关系，称之为食物链。按照生物间的相互关系，一般把食物链分成四类。

（1）捕食性食物链

又称放牧式食物链，是指生物间以捕食的关系而构成的食物联系，它由植物开始经小生物逐渐到较大的生物，后者捕食前者，如，藻类→甲壳类→鱼→大鱼，又如，青草→野兔→狐狸→狼，小麦→蚜虫→瓢虫→小鸟→猛禽等形成的食物链。

（2）寄生性食物链

指寄生生物与寄主之间构成的食物链，由较大的生物开始到较小的生物，后者寄生在前者的机体上。如哺乳类或鸟类→跳蚤→原生动物→细菌→病毒。

（3）腐生性食物链

是以动植物尸体为食物形成的食物链，如，木材→白蚁→食蚁兽，动物尸体→秃鹫等。

（4）碎食性食物链

是指经过微生物分解的野果或树叶的碎片，以及微小的藻类组成碎屑性食物，被小动物、大动物相继利用而构成的食物链。如，树叶碎片及小藻类→虾（蟹）→鱼→食鱼的鸟类。

2.食物网

在生态系统中，一种消费者往往不只吃一种食物，而同一种食物又可能被不同的消费者所食用。因此，各食物链之间又可以相互交错相连，形成复杂的网状食物关系，称其为食物网。在生态系统中，生物间的食物关系，并不是以简单的食物链形式存在的，一般以食物网的形式存在。食物网作为一系列食物链的连锁关系，本质上反映了生态系统中各有机体之间的相互捕食关系和广泛的适应性。生态系统越稳定，生物种类越丰富，食物网也就越复杂。食物网在自然界中普遍存在，维持着生态，系统的平衡和自我调节能力，推动着有机界的进化，是自然界发展演化的生命之网。

3.营养级

生物群落中的各种生物之间进行物质和能量传递的级次叫营养级。食物链中每一个环节上的物种，都是一个营养级，每一个生物种群都处于一定的营养级上，生产者为第一营养级，二级消费者为第三营养级等，依此类推，而杂食性消费者却兼几个营养级。自然界中的食物链加长不是无限的，通常营养级可达3～5级，一般不超过7级。因为低位营养级是高位营养级的营养及能量的供应者，但低位营养级的能量仅有10%能被上一个营养级利用。如第一营养级——初级生产者获得的能量，自身呼吸、代谢要消耗一部分，剩余的又不能全部被草食动物利用。因此，在数量上，第一营养级就必将大大超过第二营养级，逐级递减，就形成了生物数目金字塔、生物量金字塔、生产率金字塔等。可见，人为减少低位营养级的生物数量，必将影响高位营养级的产量。

4.食物链的特点

食物链在生态系统中不是固定不变的，它不仅在生态系统的进化历史上有改变，在短时间内也会有变化，特别是人为因素更会加速食物链的改变。动物在个体发育的不同阶段，食性发生改变能引起食物链的改变；动物食性的季节性变化，以及杂食动物均可引起食物链的变化；如果食物缺乏，环境发生改变也会引起动物食性的变化。在一个复杂的食物网构成的生态系统中，个别食物链的变化不会影响大局，但在有些特殊情况下，如，人为因素或者生物链的某一环节发生变化，可能破坏整个食物链，甚至影响到生态系统的结构和功能。反过来，要想恢复生态系统原来的状态，却需要付出巨大的代价。

食物链还有一个重要特性，就是能够使环境污染中不能被代谢的有毒物质浓缩，也就是说，某种元素或难降解的物质，随着营养级的提高会在有机体中逐步增多，这种现象称作生物放大作用或生物富集作用。例如，汞盐、长链的苯酚化合物、双对氯苯基三氯乙烷等，都可在食物链中富集。食物链这一概念揭示了环境污染中有毒物质迁移、积累的原理和规律。生态系统理论对人类的生存和活动有极其重要的理论指导作用。

第二节　城市生态学与生态系统

一、城市生态学与生态系统

（一）城市生态系统

城市生态系统是人工生态系统，人是这个系统的核心和决定因素。这个生态系统本身就是人工创造的，它的规模、结构、性质都是人们自己决定的。在这个生态系统中，"人"既是调节者又是被调节者。城市生态系统是消费者占优势的开放式生态系统。在城市生态系统中，消费者生物量大大超过第一性初级生产者生物量。生物量结构呈倒金字塔形，同时需要有大量的外来附加能量和物质的输入和输出，相应地需要大规模的运输，对外部资源有极大的依赖性。城市生态系统是分解功能不充分的生态系统。城市生态系统资源利用效率较低，物质循环基本上是线状的而不是环状的。分解功能不完全，大量的生物质能源常以废物形式输出，造成严重的环境污染。城市生态系统是受社会经济多种因素制约的生态系统。人的许多活动服从生物学规律，行为准则是由社会生产力和生产关系以及与之相联系的上层建筑所决定的。因此，城市生态系统和城市经济、城市社会是紧密联系的。

因此，城市生态系统可以简单地表示为以人群（居民）为核心，包括其他生物（动物、植物、微生物等）和周围自然环境以及人工环境相互作用的系统。由于城市生态系统的人为特征以及生活和生产多方面联系的复杂特点，另外一些学者则认为，"城市是人类社会、经济和自然三个子系统构成的复合生态系统"，"是在原来自然生态系统基础上，增加了社会和经济两个系统所构成的复合生态系统"。对这种复合系统另一些学者称之为"城市生态经济系统"。

城市生态系统又和它周围的农村生态系统结合成为城乡复合生态系统，因此在研究城市生态系统时既要考虑城市生态系统与其他系统之间的关系，而又不能包罗万象；既要突出生态学的重点，而又不能局限于生物生态学范畴。

（二）城市生态学

目前，城市生态学归纳起来大致有两种不同的理解，一种是环境系统学派，另一种是复合系统学派。环境系统学派认为，"城市生态学是用生态学的方法研究城镇中生物圈，正如同生态学其他分支科学研究农田、森林和海洋一样，城镇可从历史、结构和功能三方面进行生态学的描述。"有学者认为"城市是人为改变了结构，改造了物质循环和部分改变了能量转化的长期受人类生产活动影响的生态系统。以生物生态学的方法在可能的范围内试图对人类进行探索，也就是对以人类为主体的环境系统的城市，从围绕人类的动物、植物、空气、水、土壤等周围部分进行探索。"

城市生态学是以生态学理论为基础，应用生态学的方法研究以人为核心的城市生态系统的结构、功能、动态，以及系统组成成分间和系统与周围生态系统间相互作用的规律，并利用这些规律优化系统结构，调节系统关系，提高物质转化和能量利用效率以及改善环境质量，实现结构合理、功能高效和关系协调的一门综合性学科。

二、城市规划理论与城市生态学的关系

现在城市理论的发展，可以追溯到工业革命前期，工业革命产生了现代城市的母体。由于许多大工厂布置在城市中，严重地污染了空气，河流，土地。英国议会为了保护居民生活和改善城市环境，于1848年最早制定了《公众卫生法》。

1989年由F.霍华德创立了"田园城市"的规划理论，影响深远，"田园城市"的概念主要是确定职业与居民的正确关系，确定优美的环境素质，土地使用模式以及城市的财政、行政与城市最优规模之间的关系，从而描绘出一个理想的城市规划方案。而后建立了由霍华德任会长的国际田园城市和城市规划协会，最后改称为"TFHP（国际住宅与城市规划会议）"，谋求现实地解决城市问题。其中泰勒提倡的"卫星城"是很有名的，还提出了大城市改造规划，城市向外围扩展的对策，对开发经济与社会的研究，对人的环境与文明、美好的城市建设等。

从20世纪60年代开始，法国学者集中研究了"区域发展规划"，重点是研究核心城市与其外围地区的发展关系。例如为了控制巴黎的发展，采取了"区域发展规划"方案。方案综合了自然、社会、经济、资源、交通、用地、人口等各种因素，成为较科学、合理的规划。区域发展规划理论有广泛的世界性影响。从此，作为一门科学，城市规划已不再等于形态建设规划或者城市设计，规划转向侧重经济及社会的发展，而城市规划也变成了一门跨学科的专业。

近年来，国外城市规划理论转向更宽的社会科学和自然科学领域，进行新的理论探索。在全球面临五大危机（人口膨胀、粮食不足、能源短缺、资源枯竭、环境污染）的大背景下，城市环境质量也日益下降。由于空气污染，航空港和高速公路的噪声以及沿海和河流污染的严重影响，各种社会团体曾经发起运动，限制有损于环境的城市发展。于是生物学家和生态学家也都加入城市规划专业，研究保护城市自然环境，促使城市发展与生态环境之间形成平衡和协调状态，城市规划学者也在研究克服城市问题的同时，反思如何完善和充实城市规划理论的体系和框架，以适应新形势下的城市及人居环境发展的需要与趋势。生态学作为一门在人类生产、生活活动多方面得到广泛应用的学科，已经产生了诸如农业生态学、森林生态学、鱼类生态学、自然资源生态学、污染生态学、环境生态学、人类生态学、人口生态学、社会生态学等100余门应用生态学的学科。同时，当生态学发展到对人和自然普遍的相互作用问题研究的层次时，生态学已经具备了世界观、道德观和价值观的性质。因此，生态学与城市规划学科的结合是大势所趋，它既有助于从新的角度和新的方面研究解决城市问题的途径，也能给城市规划理论和学科的发展注入新的营养。在以上因素综合作用下，城市生态学就应运而生。

城市生态学的产生，还表明城市规划理论已开始摆脱过去在工业文明的影响下，城市规划及发展理论具有的完全出自一种片面的功利企图的状况，已开始摆脱西方科学思维中那种人类主宰自然的思想的影响，开始重新审视人与自然的关系，将城市及城市人类与自然环境的关系放在一种平等的位置上加以考虑，将城市发展放在一个生物圈的广阔的范畴和视野下加以考虑。

三、城市问题与城市生态学的联系

（一）城市问题产生的根源

产生城市环境问题主要有两个根本原因：第一个原因是城市是一个高度集聚与高度稀缺的统一体。城市中高度集聚的各种功能及其运转是在一个相对狭小的空间区域内以及资源、能源等较缺乏的背景下进行的。这就使得各种形式的城市问题的出现在某种意义上成为一种必然。第二个原因是人们对自然环境（包括城市环境）的错误认识。这种错误认识导致了人们在城市建设、城市管理、城市发展等方面的失误，使城市问题不断加剧。

自工业革命以来，人们越来越热衷于对自然界的征服，为着不断出现的各种发明物自鸣得意，很少有人认识到我们赖以生存的环境正随着这种文明的进程而逐渐恶化。正如奥德姆在《生态学基础》一书中指出的，"当然，为了满足自己的直接需要，人类比任何其他生物更多地企图改变物质环境；但是在改变环境过程中，人类对自己生存所必需的生物成员的破坏性，甚至毁灭性影响，也越来越增加。因为人类是异养性和噬食性的，接近复杂的食物链的末端，无论人类的技术怎样高超，对于自然环境的依赖性仍然保留着。城市越大，对周围地方的需要也越大，对自然环境'寄生'的危害威胁也就越大。至今，人类过分忙于征服自然，而很少考虑到去调节由于人类在生态系统中的双重作用而操纵者和栖居者而产生的矛盾。"

（二）城市中资源的集聚性与稀缺性

城市是社会生产力发展到一定阶段后的产物，是人类文明的集中表现。现代城市更是人类科学、技术和文化发展的最高体现，是社会政治活动和经济活动最集中的地方，又是地球上人口最密集的区域。城市又是人类财富集中的区域，中外的古代战争莫不是以攻占城池，洗劫城市财富作为其显著特征之一。现代城市更是全球财富最集中的地域。

城市也是人类科学文化的集中地域。城市中集中着人类的绝大部分的科研机构、大学，以及文化机构，其科学文化功能是任何其他人类生存地域所无法比拟和不能代替的。

城市同时也是人类的信息中心，在这里有关城市系统各个组成部分以及城市运动的各个阶段的信息高度汇集，并经过处理后产生巨大的能量，对城市及整个人类社会的发展产生重大的影响。城市也是交通集聚之处。在城市里，铁路、公路、航空设施高度汇集，为城市生产和生活提供便利。此外，城市也是建筑、能源、生产、消费的中心。

（三）城市中资源的稀缺性

城市中资源的稀缺性指城市在多个自然环境因素方面的稀缺与紧缺特征。例如，城市中植被稀缺，生物（除人类以外的）、水源、光照、清洁空气、能源、土地等均呈不同程度的稀缺状态。此外，城市生态系统中分解者的稀缺以及部分代替分解者职能的处理设施的不足更使城市运转过程中产生的废物难以如同自然生态系统中那样得到有效的分解。相反，这些废物却积淀和滞留在城市及附近地域，给城市带来极大的负面作用。城市高度的集聚性与稀缺性的结合，从某一方面来说，即是城市环境问题产生的根源之一。

四、城市发展与城市生态学的联系

城市问题实际是人、城市与自然生态系统相互作用过程中呈现出来的不平衡、不协调现象。从城市发展的全过程看，它既具有不可避免性，又完全具有可将其调控、限制在一个微小幅度之内的可能性。生态学思想及其观点的介入，使这一可能性更加明显。要解决城市问题，应从协调城市发展与自然环境及自然生态系统的关系角度来着手。

迄今为止，人类城市规划指导思想经历了"朴素的自然中心观""人类中心观"的过程，前者即古代城市规划指导思想，特点是：一切以自然为中心，例如中国古代风水选址，五行八卦设计；外国古代的"最有益于健康的土地"原则等。这是因为当时城市的生产和生活消费能力远未达到自然生态环境的承载能力，城市能在自然生态系统的慷慨支持下自由地发展。而城市发展对自然生态造成的压力与破坏基本上还未显现出来。

后者即近现代的城市规划指导思想。其特点是：随着工业化与城市化互相促进、飞速发展，城市人口迅速增长（总人口数剧增，城市人口比例增大）；科技的进步改变了时空尺度，导致了大城市、大都会区、城市群、城市带的出现，使人类城市在自然生态环境中所占的比重、所起的作用越来越大，相应地对自然生态环境的依赖迅速弱化。这时期，随着人类征服和改造自然能力的增强，人类的自我中心意识开始盲目地膨胀，导致了以人类为中心的城市规划观的出现。当今许多重要的大城市（主要是工业城市）都是这种规划观的物化结果。

由于这种规划观的基点是盲目的、片面的，因此给自然生态系统带来了许多无法弥补的破坏（资源的浪费与枯竭，环境的污染与破坏等），使人类陷入了难以摆脱的困境，从而直接威胁到全球生态的持续发展，反过来又威胁着人类与城市的生存与发展。这种规划观的盲目性与片面性就在于：过分强调和夸大了人类的智力和能力，忽视了人不过是自然界中一种特殊的生态产物，并且同其他生态要素一样作为整个生态系统的一个组分，无论其能动性多么巨大，同样要遵从自然规律，同样要以整个生态系统作为其存在的基础，并参与整个系统的发展这一事实。

随着对城市本质、特性更深入的认识，随着城市问题和城市环境问题的日益突出，国外不少学者认为城市问题的解决，必须从整体出发，从战略高度研究城市运动中的物质代谢及其效应；应将城市人类系统与自然生态系统和社会经济生态系统作为整体进行研究，以期在发展经济、合理利用自然资源和保护环境方面达到协调和统一，以利于城市的持续发展。

第三节 城市生态建设与生态环境的保护

一、城市建设与生态环境保护

（一）生态环境保护与经济增长的关系

经济发展的前提与条件是生态环境和丰富的自然资源。经济增长的最终目的是富民强国，提高人民的生活水平。良好的环境是高质量生活的必要条件，而环境污染和生态破坏有悖于促进经济增长的初衷。可持续发展经济，不仅要考虑当代人发展的需要，也要考虑子孙后代发展的需要，给后代人留下良好的生态环境条件是我们必须肩负起的历史责任。因此，发展现代城市建设，首先要协调好保护环境和经济发展的关系。

（二）加强生态环境保护

1.大力发展循环经济

循环经济是一种新的经济发展模式，从传统的工业经济发展模式：资源——产品——消费——废弃物，转变到新的资源循环利用发展模式：资源——产品——消费——可再生资源。循环经济强调的原则是，资源"减量化、再使用、可循环"。

2.建立绿色国民经济核算体系

国际研究表明，国家发展有四类资本：人力资本、金融资本、加工资本（实物）和自然资本。如果在经济增长中其他资本增加了，而自然资本减少了，总资本量可能不是增加而是减少。如果单纯用GDP来衡量一个地区的经济社会发展水平，就可能导致不计代价片面追求GDP增长速度，忽视经济的结构、质量和效益，忽视环境保护和社会进步等后果。

3.依靠科学技术进步

严重的环境污染在一定意义上也是一种资源的浪费，我们不能再走发达资本主义国家工业化初期严重污染环境、后来再治理恢复的路子。如何走出一条新路子，实现环保跨越式发展？一靠机制、体制创新，二靠科学技术进步。新工业区的建设要更加重视资源利用率的提高，这既有利于缓解资源不足，又有利于环境保护。

4.做好企业的环境保护工作

土壤化验证明，本区土壤受重金属的污染尚未达到污染级，因此，新工业区严格控制污染企业的进入对环境质量和可持续发展具有重大意义。强化企业环保意识用相应的经济政策和收费制度来控制。

5.增加政府对环境保护的投入

政府在推进可持续发展中起主导作用，增加对环境保护投入是非常关键的措施。城市生态环境的保护和建设，环境执法能力建设等，都需要政府的投入。

（三）城市生态环境建设的对策与建议

1.城市总体规划与城市生态建设规划

规划必须以满足城市可持续发展需求为目标，立足城市的市域范围，综合考虑城市周边地区及所在区域生态环境的影响因素。城市总体规划与城市生态建设规划主要包括的内容：土地利用规划、城市园林绿化规划、城市环境保护规划和城市历史文化遗产保护规划。生态环境建设规划是生态建设的依据，各级政府应高度重视。要把城市生态建设贯彻到城市规划设计、规划建设、规划管理的全过程中。

2.城市生态建设与可持续发展

生态城市的建设必须遵循四个原则，即系统原则、自然原则、经济原则和生态原则。城市是一个区域中的一部分，城市生态系统也是一个开放的系统，必须与城市外部其他生态系统进行物质、能量、信息的交换。用系统的观点从区域环境和区域生态系统的角度考虑城市生态环境问题。城市规模及结构功能等都受自然条件的限制，城市生态环境建设必须充分考虑自然特征和环境承载能力。经济的发展是城市发展的前提条件，发展经济的同时必须保护环境，实现经济发展与环境保护相协调的原则。维持城市人工生态系统的平衡，必须注意城市生态系统中结构与功能的相互适应，使城市能量、物质、信息的传递和转化持续进行，处于动态平衡。

3.加强城市绿化

城市绿地建设应解放思想，加大力度，要把重点放在建设大型生态绿地、环城绿地、大型交通绿地以及居住区绿地上，强调城市绿地的连通性、城郊绿地的结合性、景观与生态的共融性。屋顶绿化作为拓展城市绿化空间的手段之一，从未来城市建设的发展来看，这种手段使我们在城市生态建设中逐步发展。外来物种可能引起一系列生态系统退化或发生不良状况，因此在引种时要慎重。

4.生态城市建设的途径

未来城市环境建设要实现几个转变：一是从物理空间的需求上升到人的生活质量的需求；二是从污染治理的需求上升到人的生理和心理健康需求；三是从城市绿化需求到生态服务功能需求；四是从面向形象的城市美化到面向过程的城市可持续发展，最终实现城市建设的系统化、自然化、经济化和人性化。生态城市建设的基本途径包括：

（1）卫生

通过生态工程方法处理和回收生活废物、污水和垃圾，减少空气和噪声污染，以便为城镇居民提供一个整洁健康的环境。

（2）安全

生态城市应该为居民提供清洁安全的饮水、食物、服务、住房、出行安全及减灾防灾等。

（3）景观

强调通过景观生态规划与建设来优化景观格局及过程，减轻热岛效应、水资源耗竭及水环境恶化、温室效应等环境影响。

（4）文化

生态文化是物质文明与精神文明在自然与社会生态关系上的具体表现，是生态建设的原动力。它具体表现在管理体制和政策法规、价值观念、道德规范、生产方式及消费行为等方面的和谐性，将个体的动物人、经济人改造为群体的生态人、智能人。

二、城市生态园区建设

依据循环经济理念、工业生态学原理和清洁生产要求建立起来的一种新型工业园区，是在区域层面上实现产业生态学目标的一种形式。在生态工业园区内，一个工厂生产的废弃物或副产品被用作另外一个工厂的投入或原材料，通过废物交换，循环利用，清洁生产等方法，最终实现资源的节约和污染排放的最小化。

（一）生态园区的类型

生态园区有三种类型：主导产业链型工业园区模式、多产业关联共生型工业园区模式、全新混合型工业园区模式。

（二）生态园区建设的意义

1.增强了政府和企业的创新意识

生态工业园区的建设包括观念创新、科技创新、管理创新和制度创新等方面。比如说观念创新，从传统工业园区至生态工业园区的发展，就是发生了重要的观念创新的结果。在传统的工业生产过程中产生了商品和三废（废气、废液和废渣），结果是浪费了资源，污染了环境。生态工业园区建设是在企业内部和企业之间实行循环经济，将三废作为生产原料，既节约了资源，又改善了环境。这种变化，主要是建立生态经济协调发展的观念创新的结果。另外，传统的企业之间的关系，以相互竞争为主，当然也有相互协作的关系。但是由于生态工业园区实行循环经济，其中企业的经济效益与整个园区的效益密切相关。假如只顾本企业效益，就会影响或破坏整个园区的运行。所以，必须具备企业间的共生、协作的观念，才能保持企业和园区的持续发展。又如在科技创新方面，传统的生态学是研究生物和环境的关系为主；而现代生态学则拓展了人和环境的关系。传统经济学主要是研究如何提高人的物质福利；而生态经济学则研究如何全面提高经济、社会、生态综合效益。这两个学科的发展，深刻地体现了科技创新的成果。而生态工业园区的建立和发展就必须体现这两个学科发展的成果，才能更好发展。生态工业园区建设不仅要在理论指导上，而且必须在具体技术应用上有重大创新。例如采用清洁生产技术、废物再生技术等。

2.提升了生态工业企业建设水平

建立生态工业园区，可以针对工业系统薄弱环节，有选择地进行改造、建设，培植新的经济增长点，最大限度地促进物质、能源的循环利用和多级利用，扩大企业的知名度，提高产品品质和竞争力，逐步完善产业链之间的关联，开辟物质循环新通道，使生态经济产业链不断得到强化、网状化，完成由传统的重污染行业到绿色产业的战略转变；由传统意义上的资源——废物排放的开放型线型物质流动过程向整体半开放、局部封闭的准循环物质流动模式转变；促进传统工业的生态经济结构重组和生态经济结构转变。

3.促进资源利用一体化、多线条、深层次流动发展

通过生态工业园区建设，园区企业将改变传统直线型的生产过程和高投入、低产出、重污染、低效益的粗放型经营方式，积极推广新工艺、新技术，促进企业技术进步和物质循环利用，合理配置和组织工艺路线，确立多线形、网络状的资源利用模式，高效合理、多营养级、多层次地利用资源能源，降低单位产品成本，深层次解决环境和经济发展的矛盾，实现工业快速发展和环境保护之间的最佳结合，实现由资源依赖型向生态环保型的跨越。

4.带动区域经济持续发展

建立生态工业园区，是实施区域可持续发展的重要体现，有利于加强各级政府的政策扶持和落实力度，使园区成为区域可持续发展的龙头。依托支柱产业，逐步建立园区发展与区域发展的联动机制，发挥园区（集团）的带动作用，引导并支撑区域资源的综合利用和可持续发展。转变思维模式和发展方式，促进生态工业逐步从概念走向实践，合理利用和配置自然资源，形成良性循环。

5.实现新型工业化的模式

通过生态工业园区建设，可以引导、辐射、改造传统产业，利用生态工业园自身的示范作用，形成资源综合利用的潮流，建立起相当于生产者——消费者——分解者的生态产业链条，以低消耗、高效益、无污染或少污染、资源再生、废物综合利用等方式，实现产品绿色化和生产过程清洁化，推动工业生态系统发展模式的战略转变，推进传统产业生态转型和结构重组，加速工业生态系统进化演替过程，引导园区企业走上科技含量高、经济效益好、资源消耗低、环境污染少人力资源得到充分发挥的新型工业化道路。

创建生态园区，推行清洁生产的重要意义表现在：首先，清洁生产体现的是预防为主的环境战略。传统的末端治理与生产过程相脱节，先污染，再去治理，这是发达国家曾经走过的道路；清洁生产要求从产品设计开始，到选择原料、工艺路线和设备以及废物利用、运行管理的各个环节，通过不断地加强管理和技术进步，提高资源利用率，减少乃至消除污染物的产生，体现了预防为主的环境战略。其次，清洁生产体现的是集约型的增长方式。清洁生产要求改变以牺牲环境

为代价的、传统的粗放型的经济发展模式，走内涵发展道路。要实现这一目标，企业必须大力调整产品结构，革新生产工艺，优化生产过程，提高技术装备水平，加强科学管理，提高人员素质，实现节能、降耗、减污、增效、合理、高效配置资源，最大限度地提高资源利用率。最后，清洁生产体现了环境效益与经济效益的统一。传统的末端治理，投入多、运行成本高、治理难度大，只有经济效益，没有环境效益；清洁生产的最终结果是企业管理水平、生产工艺技术水平得到提高，资源得到充分利用，环境从根本上得到改善。清洁生产与传统的末端治理的最大不同是找到了环境效益与经济效益相统一的结合点，能够调动企业防治工业污染的积极性。

三、城市生态和谐理念与宜居城市建设

生态和谐理念是指人与自然和谐发展的一种状态，生态和谐理念要求人类在发展经济的同时注意节约自然资源和保护环境，自然界是人类社会赖以生存和发展的基础，只有实现生态和谐，人类社会才能得以存在和发展。追求城市生态和谐的终极目标就是实现宜居城市的建设。

宜居城市指宜居性比较强的城市，是具有良好的居住和空间环境、人文社会环境、生态与自然环境和清洁高效的生产环境的居住地。宜居城市的重要原则是"以人为本"，即城市能够满足全体市民的正常需求。

（一）宜居城市的特征

1.环境优美、人地和谐

城市原生态环境保育良好，人工环境与自然环境相映成趣。经济发展方式集约化、高效化，产业生态化程度高，城市企业和全社会形成爱护城市家园的良好习惯，每个市民以生活在其中为荣。

2.经济发达、社会进步

城市经济极具活力，积极发展朝阳型产业，经济发展的本地黏合性、与国内外市场联系较好，生产性服务业、知识型产业、信息产业成为主导城市产业，为全市人民带来殷实的物质生活。同时，文化、艺术、体育等社会文化活动蓬勃开展，城市声誉日渐提高。

3.区域公平、区际互动

城市内部各发展单元有相对公平的发展权，发展相对均衡，区域差异较小。区域单元基于经济、社会、人员、信息、技术和文化的要素互动频繁，整体效应最大化。

4.安全舒适、人际和谐

安全不仅包括人身安全、生产安全、交通安全、食品安全，还包括就业安全、能源安全、环境安全、空间安全等。市民（包括外来工）和睦相处，人际关系高度和谐。

（二）城市宜居建设的具体工作内容

1.保护绿色地带

保持城市生态特色，绿色地带主要包括公园、供水区、自然保护区和农业地区等。对绿色地区的圈定确定了城市长期发展的边界，同时为管理人口增长提供依据。

2.建设完善社区

通过更多设施完善的社区的建设重塑区域增长。社区提供更多的多样性、机会和便利，使居民的工作、生活与娱乐无需长途旅行。通过都市区中心、区域中心、自治市中心等三类中心组成的多中心网络促进经济与社区平衡发展。

3.实现紧凑都市

宜居城市将未来的发展集中在现有的市区中，支持社区容纳中高密度居住区，从而使得人们能够就近工作和居住，更好地利用公交系统和社区服务设施，避免蔓延。

4.增加交通选择

宜居城市会鼓励人们使用公共交通系统，从而降低对私人汽车的依赖。交通发展的重点依次是步行、自行车、公交系统、货物交通，最后是私人汽车。

第五章　城市环境保护规划及开发利用

第一节　城市环境保护规划及其特征、作用

一、对城市环境保护规划的一般理解

环境保护规划是当今一个国家社会和经济稳定和谐发展必不可少的组成部分，是针对环境保护的决策在时间和空间上的具体规划，是环境保护规划管理者对一定时间内环境保护目标和具体实施方式所做出的具体规定。这种规定带有一定意义上的指令性，最终目的是在发展国民经济的同时，获得一个好的居住和生活环境，以便最终使得经济社会协调、和谐发展。

决策者制定环境保护规划的基本目的在于，持续保护和改善决策区域内的居民生存和发展的自然环境，在利用自然资源的同时，应对环境给予合理的保护，维护自然环境与社会的平衡、和谐和共融。因此，在进行环境保护规划时，我们应该遵循以下原则：一是符合自然规律，合理利用并保护自然资源的原则；二是不能违背特定时期的经济发展规律，环境保护规划一定要在国民经济计划框架内进行的原则；三是环境建设和经济建设、城乡建设同步原则；四是坚持依靠科学技术的原则；五是坚持统筹兼顾的原则；六是以预防为主，防治相结合的原则；七是时刻不放松环境保护和治理的原则。

环境保护规划是国内外环境科学研究的一项重要课题之一，并逐步发展成一门综合性学科，这门学科具有长期性、区域性和综合性，并且和公共政策紧密相连，互不可分。环境保护规划在一个国家和地区的经济社会发展过程中，所起到的作用越来越大，主要表现在以下几个方面：一是环境保护规划是协调社会发展

与环境保护的重要手段；二是体现环境保护以预防为主的最重要的手段；三是各国环境保护部门开展环境保护工作的依据；四是为各国制定国民经济和社会发展规划、环境保护规划、城市总体规划等提供科学依据。

二、城市环境保护规划的主要内容

总体来说，环境保护规划的基本内容分为五个方面：一是环境保护规划目标和指标体系；二是对环境保护进行评价和预测；三是对环境保护进行相关区划；四是环境保护规划方案的生成和决策过程；五是环境保护规划的实施与管理，其具体规划内容有：

（一）污染控制规划

从字面上来看，污染控制规划主要是针对一定区域内（国家或地区）的工业生产污染、农业生产污染、生活污染等已经造成或正在形成的污染问题而制定的，其目的在于控制这些污染发展进程，改善工农业生产环境和居民生活环境。污染控制规划最先出现在欧美发达国家，因为这些国家和地区率先进行工业化，走的是先污染后治理的道路，在相当长一段时间内，工业发达国家形成的都是这种环境保护规划，其具体内容细化为：

1.工业污染控制规划

工业生产过程中的污染物排放是造成地区环境污染的最重要的原因。要进行环境污染的控制，首先必须解决工业生产污染控制的问题。工业污染控制规划的主要内容分为下列几个方面：一是工业生产布局规划：按照组织生产和环保的相关要求，将不同的工业生产项目规划在不同的地区，并且根据本地区环境容量的大小来确定工业规划项目的大小和面积；二是产品改革技术改造规划：发展能够保护环境或对环境污染相对较小的高新技术，对某些工业排放进行严格规定（如我国现在推行的工业废水排放标准和循环利用技术），逐步淘汰对环境伤害大的工农业产品（如禁止生产有机氯农药、含汞农药）；三是制定工业污染物排放标准：根据不同工业、不同地区，分别规定当前要达到的标准、一定时期内要达到相关标准。制定排放标准是实现环境目标的基本措施，在规划中占有重要地位。

2.城市污染控制规划

社会发展到今天，城市环境是人类生活生产环境最典型的体现，因此环境问题集中体现在城市环境上面，城市环境污染控制便成为污染控制的主要内容和中心环节。其主要内容有：

（1）布局规划

按照城区不同功能进行分区，统筹合理布局城市的居民生活区、工业生活区、休闲娱乐区、购物区、物流区、景观区、游览区以及城市公共交通路线区。

（2）城市能源规划

大力推行无污染、少污染、无公害计划，集中供暖供热、实现电气化、煤气化等。

（3）淡水资源保护和污水净化处理规划

规定饮用淡水资源的保护方案、规划并制定工业污水排放量和质的标准、严格规定污水处理设备等级和厂区规划。

（4）工农业及生活垃圾规划

生产、生活垃圾的集中排放和处理、垃圾分类规划、垃圾回收循环利用规划；对于垃圾的处理，一般由集中、分类、回收或者处理（包括填埋、焚烧）、再利用等过程组成。

（5）城市绿化规划

制定绿化覆盖率和相关指标，划定绿化带及绿化区域、建立环境园林和绿地等。

3.水域污染控制规划

水域污染控制规划主要是指城市水域污染的控制规划，因为城市水域是整个水域污染最集中体现的地方，其控制规划的主要方面有：设定工业生产污水排放标准，包括排放量和排放等级、禁止某些技术上难以净化和处理的污染源进入水域、根据工业企业的生产规模和排放量强制进行污水净化设备的安装等。比如日本的琵琶湖和国内的杭州西湖周边，禁止建设对湖水有直接污染源的工厂，甚至禁止湖周边使用对湖水有污染的农药、生活洗涤用品，规定周边工业企业、城市生活污水的排放量和排放标准，大力推行工业生活污水净化处理技术和设备，规定污水排放等级和多极化处理，等等。

4.农业污染控制规划

农业污染控制规划主要内容有：制定相关机制和技术措施防止农药、化肥、污染水体对农业的灌溉。例如，禁止对水源、土壤、空气有污染的农药使用，发展无污染的高效绿色化肥、农药，推行农作物病虫害的高科技防治和生物综合防治，等等。

（二）国民经济整体规划

国民经济整体规划是把相应的环境保护规划纳入国民经济发展的总体计划中来。这种规划是主要在公有制基础上实行的一种环境保护规划体系。国民经济整体规划是按照有计划、有步骤、按比例的原则融入整个国民经济体系中，随着社会经济的发展更多地对环境的保护和改善进行政策倾斜和资金投入，以达到保护环境和改善环境的目的。国民经济整体规划应该采取以下措施：中央政府向各级政府和主管部门下达关于保护和合理开发自然资源的指示和命令，下达环境保护指标和污染控制要求。各级政府和相关部门按照指标和要求制定一系列的实施细则，并把实施计划应用到具体的生产和建设当中。我国国内目前实行的便是这种环境保护规划，欧美一些发达国家多年来实施的也是类似的计划。

（三）国土规划

国土规划主要是指一个国家国土资源的规划、利用、开发、治理要符合整个国民经济发展的整体利益和长远利益，不能只着眼于眼前和短期利益。要坚持国民经济发展与一个国家人口、社会、资源和环境的和谐发展，努力维持一个适应国民生活与经济发展的环境。国土规划要求不能走先利用后治理的道路，必须在利用的同时做好国土资源的保护和治理，并且要在利用之前做好保护预防措施，走预防与治理相结合的道路。国土资源规划是防止环境滥用和破坏最有效的方式之一。

（四）区域规划

区域规划是按照一个区域的具体地理位置、自然资源情况和社会经济发展水平进行划定的。区域规划是在城市规划的基础上，进一步扩大范围的一种规划。这种规划可以在更广的范围内对经济发展、社会、和环境进行统筹安排，更有利于做到合理布局。区域规划的主要内容有：一是进行区域内各种资源和环境条件的综合评价，确定开发、利用、治理和保护的方针；二是确定工业发展规模和布点结构布局；三是确定农业生产布局，促使农、林、牧、副、渔业合理发展；四是确定城乡居民点的布局，重点是城市和集镇的布局，使人口合理分布；五是规划动力、交通、水利等公用基础设施；六是确定保护和改善环境的目标、重点和措施。

（五）流域规划

流域规划是以合理开发利用水资源为主体的规划，主要内容包括以下几个方面：一是保护流域内植被的覆盖率，预防和治理水土流失；二是统筹规划流域内的工农业生产，农林牧副渔业以及城市和交通用水；三是控制工农业生产和生活污水排放对流域内水资源的直接和间接污染等。

（六）专题规划

如沙漠治理规划，植树造林规划，珍贵稀有生物资源保护利用规划等。在国际上虽然对国土规划评价很高，但真正全面进行到实施阶段的国家和地区并不是很多。我国近些年来正在积极实施这种规划，如北方沿海的京津唐地区规划、以山西为中心的能源和化工基地的经济区规划。

三、城市环境保护规划的基本特征

（一）整体性

任何事物都是一个各个部分有机组成的整体，各个有机组成部分既有相互联系、相互补充，又有着各自的独特性和规律性，具有相对确定的功能和作用，从而形成一个整体独立的、整体性强和高度关联的功能体系。

（二）综合性

环境保护规划的综合性主要体现在三个方面：

第一，环境保护规划设计的领域广泛，其涉及工业农业生产、经济社会发展、人民生活、城市布局和规划等众多方面；

第二，影响环境保护规划的因素众多，一个国家和城市经济社会发展水平、城市布局、地区土地及资源分布、现有环境状况、人口、地理位置等都是影响环境保护规划的因素；

第三，涉及多部门及对应措施复杂，环境保护规划不仅仅是一个地区、一个部门所具有的功能和任务，还是一个国家、各个部门在制定本地区、本部门发展计划时都必须要考虑到的问题，与国民经济发展和人民生活水平息息相关。

（三）区域性

环境问题是一个复杂的综合体，不仅仅是一个部门、一个地区的问题，环境保护规划也不能仅仅着眼于一个地方或者一个区域。由于各个地区地理环境、气候、人文、工农业发展水平的不同，其环境污染状况也不可能相同。因此，环境保护规划应该从本地区的实际情况出发，做到因地制宜。根据经济社会发展程度的不同、污染程度的不同及可投入人力、物力、资金的不同，制定出符合本地区的环境保护规划指标和相关机制。总之，环境保护规划的基本原则、制定程序、制定方法一定要符合特点地区的基本特征才是合理、有效的。

（四）信息密集

信息的密集型是环境保护规划的一个重要特征。由于环境问题具有涉及面广、发展变化快、影响因素多的特点，所以在进行环境保护规划工作时要想收集相对完整、密集、高效的信息就变得非常困难，这也是进行环境保护规划初期面临的一个重要难题。在环境保护规划工作和体系中，自始至终都需要不断地搜集、鉴别、消化、吸收和处理各种各样的复杂信息。环境保护规划的合理与否以及完整与否很大程度上取决于信息收集的完整性，能不能通过综合信息的搜集从而获得尽可能多的有用信息，并且进行很好的提炼、加工和整合。

（五）政策性强

环境保护规划本身就是政府公共管理理论中公共政策的组成部分，所以政策性必然是环境保护规划的一个基本特征，从环境保护规划的立项、设计、到最后形成规划决策，制定实施的每一个具体过程都是在各个不同的方案中进行甄选和抉择。每一个决策的确定都要在我国现行的法律法规、政策和体制内进行，都要符合我国现有的和环境有关的环境保护法律法规、条例和标准。

四、城市环境保护规划的作用

当今社会，国家与国家之间、区域与区域之间、各城市之间的竞争不仅仅取决于经济社会表面上的发展水平，还取决于一个地区、城市经济社会发展的质量、可持续发展能力等方面。环境保护因素已经成为地区之间竞争的一个重要方面，而完善、全面、长远的环境保护规划又是环境发展必不可少的保障。因为完善的环境保护规划不仅仅是从传统环境污染治理的角度出发，它关注的是整个区域环境发展的质量和总体水平、生态环境、可持续发展能力、对经济发展的作用及对居民总体生活水平的影响。总体而言，完善的环境保护规划作用是多方面的：

（一）促进社会经济与环境建设的可持续发展

可持续发展就是要求在经济社会发展的过程中走一条经济发展水平高、环境污染少、经济与环境统筹兼顾的发展道路。可持续发展的核心思想是，经济发展与保护资源和保护生态环境统筹兼顾，让子孙后代能够享受充分的资源和良好发展环境。经济环境的健康发展离不开资源的合理利用与保护，离不开环境资源的合理保护。经验和建设都表明，国家的建设与发展，绝对不能以牺牲人民生存和生活的环境为代价，也不能以无限制的资源破坏为代价。发展中环境问题的解决不能走先污染、破坏后治理的路子，而应该以预防为主，治理结合，预防与治理统筹兼顾的路子。城市环境保护规划的最高目标就是统筹城市发展与环境、资源之间的协调关系，以实现城市发展、环境建设的和谐发展。

（二）把环境保护规划真正纳入国民经济的发展规划中来

虽然我国自计划经济发展阶段经过改革发展到今天的市场经济阶段，但是宏观调控、国家经济发展规划仍然是当今政府的主要职能。社会经济建设与发展的长期计划仍然需要政府来制定和引导，而环境问题伴随国民经济发展与国家建设的始终，理应是国家长远规划的重要组成部分，并且环境保护规划与经济、社会的发展状况有着密不可分的联系，这也要求必须把环境保护规划纳入国民经济发展的总体规划中来，统筹兼顾、综合平衡，实现经济、社会、环境、资源的可持续发展。

（三）治理污染，规范排污行为

从经济方面分析，各地方、各企业的发展行为都是以自身的发展状况和经济效益为先导，而不是以环境的保护和发展为先导。所以，各地区、企业在发展的过程中不可避免地会出现各种对环境、资源进行破坏和污染的状况，这就需要一个强有力的"管理者"进行协调或强制管理，而政府是这一角色当仁不让的最好选择，也是当今世界社会上主流的选择。从强制力上来说，只有政府和法律能够强制各地区和企业对自身发展状况进行相关约束，对环境保护和发展做出力所能及的贡献。现今国内政府通用的做法是，"谁污染谁治理，谁破坏谁保护"的方针，由于污染后治理的投入可能要高于其获得经济效益，所以，地区或企业自身在发展建设的过程中首先要考虑的就是设计对环境保护和稳定相对最有利的计划。政府的环境保护规划便能够使得人民在自身发展的同时统筹于环境的发展，及时调整思想观念和行为，尽可能达到发展行为与环境容量和承载能力的和谐。

（四）获得最大的环境收益

众所周知，对环境的保护和投入大多不会给国家、社会和企业本身带来短期内显著的经济效益。所以，无论哪个主体，对于环境方面的投入都是不积极的、带有一定程度的逃避性质的。而政府作为整个社会经济事业的管理主体，本身的性质就不是以营利为目的的，因而环境要素是国民生活水平提高的重要指标，对于中国的城市而言，如何用最少的投入获得最高的环境指标，需要政府对本地区经济社会发展过程中进行统筹的规划和指导。完善的城市环境保护规划能够让政府以最小的资金和人力投入，获得最可观的环境效益和效果，在保障经济发展的同时，给居民创造一个更好的生存和生活环境。

第二节　城市地下空间开发利用中的环境保护制度

一、城市地下空间开发利用的含义

对于地下空间这一概念，我们需要区分不同学科领域中该概念的差别。首先，地下空间在地理学意义上的概念主要分为两种：一种是因介质不同将其和地上空间相区分，地上空间是以空气为介质，地下空间是以土壤、岩石、地下水等环境要素为介质；另一种是从开发利用的角度来讲，将地下空间定义为以土壤、岩石、地下水等环境要素为介质的天然形成的和人工开凿的空间。而在法学领域内，地下空间被视为法律关系的客体来看待的，也就是权利和义务所指向的对象，是指能为人类所支配，满足人类的利益需求（包括生态环境利益），并受到地下空间方面法律法规的调整。

综合来看，地理学意义上的定义更加朴素地说明地下空间是什么，注重其自然属性。法学意义上的定义是在肯定了地理学上对地下空间的定义的基础上，赋予其法学的特色，偏向考虑其社会属性。无论是在地理学领域还是法学领域，地下空间是一种资源，这一定性无可争议，地下空间的资源属性决定其受到环境保护法律的调整。

在"地下空间"前加上"城市"这一定义主要是进行地域区分，城市地下空间这一概念是相较于农村地下空间来讲的，两者的区别在于所处的地上区域的不同。可以想见，在开发利用地下空间方面，城市较农村规模大、成系统、影响广泛，更容易出现环境问题，因此更需要对其进行法律上的规制和政策上的引导。现实中，人民对美好生活的向往促使他们涌入城市，而城市的土地面积不变，同样的土地需要容纳不断增长的人口，除了向上不断增高建筑高度，向下待开发、拥有巨大发展潜力的地下空间，进入城市规划决策者的视野。

城市地下空间的开发利用，就用途来讲，目前主要有民防设施利用，如建设防空洞；市政设施利用，如自来水管道、电缆线、下水道等的铺设；地下交通设施利用，如地铁工程的建设；商业开发利用，如地下商场、地下车库等。城市地下空间开发利用的方式十分多样。在广大的农村地区也存在地下空间利用，如以前农村常见的地窖，多是农民利用地下空间热稳定性的特点用来贮存过冬食用的蔬菜瓜果，但由于农村这种方式的地下空间利用规模较小，且随着科技的发展，采用地窖储存食物的方式渐渐消失，对环境的影响不大，因此不纳入研究范围。

二、开发利用的城市地下空间的特点

（一）相对封闭性

地下空间的封闭性是与地上空间的开放性相比较而言，这也往往是人们对于地下空间的第一印象。城市地下空间的封闭性不是绝对的，在开发利用的过程中，为方便开发利用所需要的物资和人员的进出，要保证通道流畅。开发完成后，为实现地下工程的用途，设计者也需要留有地下和地上联系的渠道，如地铁线路的设计通常要在人流量较大的地方设置出入站口。处于封闭的空间会使人感到压抑，而且地下空间往往比较潮湿，通风条件不理想，空气质量一般，长期处于这样的环境中对人的身心健康均有不利影响。鉴于地上与地下空间来往交流、人的身心健康的需要以及出于开发成本、工程安全的考虑，开发利用城市地下空间时，它的封闭是相对封闭的。

（二）难以恢复性

地理位置不同，城市地下空间的地质构造状况也各不相同，但是无论多么不同，地下空间一旦遭到破坏，恢复起来都会相当困难。产生这个问题的原因有二：一是由于上述的第一个特点，相对封闭性导致透明度、直观性差，未知情况多，恢复措施难以操作；二是因为地下空间所含环境要素丰富，一旦遭到破坏，常常是牵一发而动全身，要恢复到未破坏前的状态，且使其维持原有生态效益的发挥，短时间内几乎不可能实现，况且环境污染、破坏结果的显现往往就需要经历漫长的时间。环境是一个整体，环境媒介的流动性更是增加了恢复的难度。

（三）热稳定性

地下空间的热稳定性与其开发利用时的相对封闭性关系密切，地下空间的周围多是土壤、岩石、地下水，太阳这一光源被隔开，温度和湿度都较为固定。地下空间热稳定的特性也是曾经广大农村采用地窖储存蔬菜的重要原因。不仅是粮食蔬菜，所有对储存温度和湿度有要求的物品都可以考虑将地下空间作为储存场所。

（四）地区差异性

我国幅员辽阔，地貌类型丰富，比如我国贵州地区喀斯特地貌广布，由于喀斯特地貌具有不稳定因素，因此在开发地下空间时要谨慎选择开发的项目种类以及开发采用的技术。我国各个城市的地面状况也存在区别，在开发利用城市地下空间时，设计者不仅要考虑地下状况，还应当充分考虑待开发的城市地下空间的地面状况。举例来讲，在十三朝古都西安开发地下空间，地面古建筑众多，且多数年代久远，价值颇高，因此在设计地下空间的开发方案时，设计者必须联系地面状况做出规划。

三、我国城市地下空间开发利用中的环境保护的理论

（一）预防为主理论

预防为主理论是应对环境问题，进行环境保护重要历史经验的总结。西方工业国家为了发展经济，走向了"先污染、后治理"的道路，人们饱受环境恶化之苦，环境公害事件现在看来仍然触目惊心。前事不忘，后事之师，末端治理的经验教训使保护环境要以预防为主的理论深入人心。

预防为主理论本身是科学的理论，它可以获得投资少，收效大的效果。预防主要防两者：一是环境问题未发生之前的"防"，二是环境问题已发生需避免其损失扩大之"防"。显而易见，两"防"均可节省财力，预防为主也就成为实现环境效益、社会效益和经济效益相统一的重要保证。如果选择先发展经济，后治理环境，环境保护的工作就会始终处于被动的状态，预防为主理论使国家的环境保护工作由消极的应对转为积极的防治。该理论在我国环境保护相关立法中有所体现，诸如"三同时"制度、环境影响评价制度，均蕴含着预防为主的理念。城市开发地下空间的过程也要贯彻预防为主理论，注重环境保护，防患于未然。

城市地下空间环境较地面环境的一大特点就是遭受破坏后更加难以恢复，预

防的重要性更加凸显。城市地下空间并不是一个孤立的异世界，它虽深埋于城市地下，但是通过土壤、岩石、地下水等环境要素作为媒介与地面生态环境交互，两者共同维持着区域内的生态平衡。城市地下空间是一个多层次、立体的构造。通常情况下，按照开发的深度，城市地下空间一般可以将分为浅层空间、中层空间和深层空间。就其修复难度来讲，随着深度的增加，修复难度也就越大。在城市化进程中，城市地下空间的开发已箭在弦上，预防为主理论是开发过程中注重环境保护坚实的理论基础。

（二）代际公平理论

利益始终是人类追逐的中心。人类社会的发展史也是向自然掠夺的历史，人们从自然界获取资源，发展经济，实现国家的工业化，自然资源面临耗竭，生态环境日益恶化，又阻碍了经济的发展。自然环境和人类社会的关系值得人们思考，可持续发展理论关注的就是自然环境和人类社会当下和未来的关系。

可持续发展理论的形成经历了相当漫长的时间，其正式提出是在1987年，联合国世界与环境发展委员会发表名为《我们共同的未来》的报告，并以可持续发展为主题对人类共同关心的环境与发展问题进行了全面分析，引起各国关注。可持续的发展是指既能满足当代人的需要，又不对后代人满足其需要的能力构成威胁、发展。发展固然重要，但持续性不可忽视。代际公平理论是和可持续发展密切相关的一个理论，可持续发展理论像一个字母Y，其两个分支就是代际公平理论和代内公平理论，代内公平即"在任何时候的地球居民之间的公平"，"代际"指当代人和后代人，公平是指利益分配达到公正状态。代际公平强调利益在当代人和后代人之间的分配公平。

与传统的不可持续的生产方式相适应的思想意识，是以人类中心论和利己主义为代表的思想意识。只有坚持公平，才能调动和维持可持续发展主体即人的积极性和创造性。代际公平理论强调长期利益，目光长远。基本要求是当代人有义务为后代人保留足够满足后代人需求的自然资源，每代人都享有在美好的环境中生存的权利，都有义务保护生态环境。"无论是哪一代人，在资源分配中都不占支配地位"这一公平原则在此得以体现。地下空间作为一种资源，对它的开发利用不仅要着眼于满足当前发展的需要，更要着眼于未来生态，所以在对城市地下空间进行开发时从规划到施工再到运行维护全周期都要重视环境保护。

（三）外部性理论

环境法学者将外部性理论引入环境法研究中，去解释环境问题并尝试寻找解决方法。为了更好地满足经济社会发展的需要，人类不断向自然界索取，但同时向自然界排放了大量的污染物，对生态系统造成了很大的破坏，阻碍了地区经济的发展，这就产生了外部的不景气。与之相比，生态修复、生物自然力、生态农业等典型的正外部性行为直到近年才开始进入人们关注的视野。为了使人类社会可以持续健康发展，必须要合理利用自然资源，及时对以前为发展经济欠下的"环境债"进行弥补，修复受损的生态环境。除此之外，还应对保护环境的行为进行激励和引导，加强环境法的"正向构建"，促进和激励环境正外部性行为。地下空间作为一种资源，在其开发利用时就将环境保护贯穿其中，减轻外部不经济，发挥法律的正向激励作用，既为满足当前发展需要，也考虑到未来发展需求，这又与代际公平理论不谋而合。

四、我国城市地下空间开发利用中环境保护的相关制度完善

（一）完善城市地下空间开发利用规划制度

1.建立城市地下空间信息调查制度

我国疆土广阔，城市地质情况千差万别。在开发城市地下空间前，设计者应做好大量的前期准备工作，其中之一就是勘察城市地质状况。明晰地下水、岩石、矿产资源等的分布状况，收集相关数据材料，并以此为依据，决定地下工程的选址。基于目前我国的经济发展水平和城市地下空间开发利用的紧迫性，建立城市地下空间信息调查制度应当提上日程。该制度可以先在个别省市进行试点试验，试验过程中可采取中国地质调查局和地方政府合作的形式，再结合试点省市得出的实践经验，对制度进行改革完善，后在全国范围内推广。根据全国试行的效果，决定该项制度是否有资格上升为法律。如果该项制度被纳入法律，在目前地下空间没有单独立法的情况下，可以将该项制度写入《城乡规划法》，城市地下空间信息调查制度设计的目的就是为规划提供数据支持，与城乡规划制度密切相关，现行的《城乡规划法》中也有规定表现出规划编制对地质状况等信息的依赖。

城市地下空间信息调查的主要内容应当包括城市地下空间地下水、矿产资源

等自然资源的分布状况，地质结构类型，土壤化学成分调查，潜在的地质灾害类型，有必要时还应记录地面使用现状等和城市地下空间开发利用相关的信息。负责收集此类信息的部门应是城乡规划主管部门下设的科室。当然，这是依据现行法律规定做出的推测。建立城市地下空间信息调查制度，离不开先进的地质调查方法和技术。

目前，虽经过多年的政策帮扶，西部地区的经济状况已经日益好转，但和东部地区相比仍比较落后，而且西部仍是地广人稀的状态，开发地下空间的要求并不是十分迫切。从现实出发，先在经济发达地区开展城市地质勘察工作，丰富大中城市的地下空间信息库，经济落后地区每次进行地质勘察，将获得的资料全部收集，逐步积累起来，走一个循序渐进的道路。

除此之外，还应当在法律中明确指出规划制度在开发城市地下空间过程中的重要性，完善的城市地下空间开发利用规划制度是对地下空间进行合理有效开发的前提，建立城市地下空间信息调查制度目的也是为了增强规划的科学性。根据城市总体规划合理编制城市地下空间利用专项规划，对开发产生的经济效益、社会效益和环境效益进行考量，发挥地质调查在地下空间、资源开发中的先导性作用，促进城市地下空间的高效利用。

2.建立地面地下规划信息共享制度

自人类诞生以来，虽有短暂的穴居经验，但较长时间还是在地面活动，拥有的也是粗糙的、不成熟的地下空间利用实践。人类社会发展至今，地面规划制度已经比较成熟，相关的信息占有也比较丰富，待城市地下空间信息调查制度确立后，建立地面地下规划信息共享制度顺理成章，建立该制度所需工作就是畅通地面地下信息沟通的渠道。此项制度应当和城市地下空间信息调查制度规定在同一部法律当中，具体工作应由同一行政部门主管，方便沟通操作。根据地区内地下空间的地质状况，再联系地面建筑情况，决定适宜开发的种类、规模，做到与地面协调，合理布局。

从规划开始，就要对城市地下空间开发利用过程中的环境保护工作做出全面的考虑。建立地面地下规划信息共享制度，实现地面地下统筹规划，要求在编制地下空间利用专项规划时，针对其特点，在规划文件中指明所需特殊的环境影响评价标准和预防措施。政府规划主管部门在出让城市地下空间使用权时，应将城市地下空间环境保护的特殊要求作为出让合同的内容。总而言之，城市地下空间开发利用的规划中必须贯穿协调统一思想，其中一点就是地面和地下的协调，建立地面地下规划信息共享制度，目的就在于此。

3.严格城市地下空间开发利用规划的更改程序

鉴于开发利用的城市地下空间的难以恢复性和地下生态系统对地面生态环境的重要影响，我们除了在制定城市地下空间开发利用规划前广泛开展调查，收集数据资料，提高规划的科学性之外，还必须制定严格的规划更改程序，规划的编制和落实都不能放松，否则很有可能前功尽弃。

规划应当具有强制力，没有经过法定的程序，不能对其进行修改。城市地下空间是由于土地面积限制经济发展的城市的后备资源，开发城市地下空间在一定程度上扩大了城市的发展空间，拥有着广阔的发展前景。又因为开发利用的城市地下空间的诸多特点，设计多个制度只为提高其规划的科学性和合理性，若历经几多制度的保障形成的城市地下空间开发规划不经严格的程序便可修改，那么前面的制度保障将形同虚设。

（二）完善城市地下空间开发利用环境影响评价制度

环境影响评价制度可谓是环境保护各项制度里的急先锋，在环境保护的行动中总是冲锋在前，它既像一扇大门，将许多环境破坏行为拒之门外，又如一双凝视未来的眼睛，对开发行为可能引起的环境问题提出预防和解决对策。但是，目前我国城市地下空间开发利用环境影响评价制度还不完善，标准缺失，内容针对性不强等，影响环境影响评价制度正面效益的发挥。

1.确立城市地下空间开发利用环境影响评价的标准

当前，我国城市地下空间开发如火如荼，在城市地下空间开发过程中为了减轻对环境的污染和破坏，完善城市地下空间开发利用环境影响评价制度，确立城市地下空间开发利用环境影响评价的标准势在必行。城市地下空间开发利用环境影响评价标准的确立，是完善城市地下空间开发利用环境影响评价制度过程中的重要一环。由于地下空间生态环境的脆弱性，对于城市地下空间开发利用环境影响评价标准应当高于地面标准，应当秉持这个观念进行具体标准的制定。地下空间环境要素丰富，制定具体标准时可以按照环境要素分类制定，这也与现有的地面环境质量标准的制定方式相同。生态环境部近年来发布的环境影响评价的技术性导则也是按照环境要素进行分类的。按照地下水、土壤等环境要素，参考已有的地表环境质量评估标准，在更高标准的要求下，制定地下空间特殊的环境影响评价标准，实现城市地下空间开发中的环境影响评价标准与现有环境影响评价制度的有效衔接。

2.完善城市地下空间开发利用环境影响评价的内容

地下空间环境和地表环境存在区别，对其进行的环境影响评价的内容和地上相同是不讲求科学性的表现，需要针对其所处环境及开发特点，规定专门的环境影响评价的内容，如城市地下空间开发不可避免地会破坏地区原本的地质结构，对可能诱发的地质灾害应当写入报告中，并提出预防或者减轻的对策和措施。

（三）完善城市地下空间开发利用管理制度

1.配置与厘清管理部门职责

《斯德哥尔摩宣言》宣告：各国政府对保护和改善现代人和后代人的环境具有庄严的责任。按照我国现有法律的规定，城市地下空间开发利用的行政管理部门众多，现实中职责交叉，又存在职责盲区，管理的重点主要集中在地下空间使用权出让上，环境保护工作极易被忽视。城市地下空间开发必须贯彻依法管理的基本原则。为了将城市地下空间纳入法治化管理的轨道，克服现有的多头管理、职责混乱的现象，厘清有关部门的责任，使各部门各司其职，就要完善城市地下空间开发利用管理制度。

在我国，城市地下空间的开发利用涉及城乡规划、建设、环境保护、消防、市政、人防等多个行政管理部门的职责，需要处理政府部门、开发商、社会公众的关系，还要兼顾经济效益、社会效益和环境效益。为了实现城市地下空间的有序开发，充分利用地下空间资源，必要时可以借鉴新加坡的做法，设立总体规划委员会，在各相关部门之间进行工作交流与协调。考虑到目前城市地下空间的开发利用工作主要由国土资源部门管理，在设置协调机构时可以以土地管理部门为主，由其领导规划、建设、环保、市政等部门人员组成的小组进行工作，该机构形式类似于现在的政务中心，目的是更好地进行工作的交流，有序、高效、协调地开展城市地下空间开发工作。

2.规范城市地下空间信息管理

我国环境保护的相关立法中，多处规定均透露出信息占有的重要性。城市地下空间开发利用的规划工作需要规划编制单位掌握所规划区域将建、在建、已建成等地下及地面工程的资料，以免规划发生差错，导致后期建设过程中出现困难。但是按照目前城市地下空间开发管理部门的工作方式来看，部门之间因管理上和工作程序上的问题，彼此之间信息共享程度不高。而且在规划过程中所需要的地质水文等数据有些在国家保密资料之列，除此之外，即使编制单位获取到规划所需信息，也会因为商业利益等原因不能将之共享，最后的结果就是各部门成为信息孤岛，单独拥有部门职能相关的信息，无法对城市地下空间实现统一管理、协调开发。部门规划相互隔离，造成地下工程与地面建筑不协调，资源浪费，影响地下空间资源发挥作用。

第三节　城市节能与新能源的开发利用

随着我国经济的快速发展，对能源的需求不断增长，传统的矿物能源供给短缺的矛盾也越来越明显。在此情况下一方面需要大力推进节能战略，另一方面还需要科学评估新能源和可再生能源资源潜力，新能源和可再生能源包括水能、太阳能、风能、生物能、地热能、海洋能、核能、工业废弃物和城市生活垃圾（也有人将其后两项包含在生物能源中）等。

一、城市节能战略与可持续发展

从中国能源发展的趋势和环境保护的要求来看，能源与环境可持续发展政策十分必要。只有拥有长期的节能优先战略，才能推进能源结构"绿色化"进程，大力发展环境友好能源和氢能源，推行城市能源的可持续发展。实现城市能源与环境的协调发展战略，我们必须从多个方面努力：

（一）实行节能优先政策

节能政策是实现环境与经济"双赢"的战略，从环境保护的角度出发，长期实施节能优先的战略就是能源与环境协调发展的首选政策。近年来，我国政府机构积极进行示范节能，促进节能与清洁生产一体化。利用排污收费政策，可以促进节能政策的实施。

（二）促进能源结构"绿色化"

从经济社会发展的目标来看，仍然需要利用以煤为主的能源体系；以足够的煤炭、石油、天然气和电力保障经济的高速发展；从碳减排的目标来看，需要尽可能减少煤、石油等"高排放"的化石能源；以"零排放"的新能源和"低排放"的天然气替代。我们规划的任务就是在发展与减排之间求得一个平衡点。在充分利用以煤为主的能源体系保障发展和限制以煤为主的能源体系减少碳排放之间，提出一个平衡与协调的折中方案。对于任何一座城市能源结构低碳化，都要做好以下工作：计算全部可再生能源（含非商品能源）在目前能源消费结构中的比例。

目前，中国城市一次能源核算中只包括煤炭、石油、天然气、水电和核电等商品能源，其中除水电、核电外均属化石能源。太阳能、风能、生物质能和地热能等非商品能源均未列入能源核算体系。为了研究城市全部新能源、可再生能源利用现状、潜力和发展目标，需要在现有商品能源核算的基础上，增加非商品能源的核算。由于水电、核电以外的新能源、可再生能源未列入能源核算体系，在计算单位GDP能耗、总能耗和能源结构时，需要在商品能源核算体系的基础上，计算出总能耗的数字；然后计算出新能源、可再生能源消费量占总能耗的比例，从而可以确定新能源、可再生能源利用方面未来还有多大潜力。最后计算目前新能源、可再生能源利用量占能源消费总量的比例，从而可以确定"零排放"的新能源、可再生能源利用对能源体系低碳化的贡献。

（三）依靠技术进步削减污染

依靠技术可以削减污染，一方面利用环境标准推动能源技术进步、降低单位经济活动的能源消费，实现发电排放绩效与发电煤耗标准、环境标志与能效标准、汽车排放标准与燃料经济性标准的衔接。另一方面，大力开发低污染排放发电技术、零排放技术以及高效脱硫脱氮技术，加快提高汽车排放标准，发展低排放甚至零排放汽车。

（四）运用经济手段促进环境友好能源

现代经济社会发展建立在高水平物质文明和精神文明的基础上。要实现高水平的物质文明，就要有社会生产力的极大发展，有现代化的农业、工业和交通物流系统，以及现代化的生活设施和服务体系，这些都需要能源。在现代社会，人们维持生命的食物用能在总能耗中所占的比重显著下降，而生产、生活和交通服务已经成为耗能的主要领域。从发达国家走过的历程看，当一个国家处于工业化前期和中期时，能源消费通常经历一段快速增长期，能源消费弹性系数一般大于1。到了工业化后期或后工业化阶段，能源消费进入低增长期，能源消费弹性系数一般小于1。历史还表明，当一个国家或地区人均GDP达到一定水平后，居民衣食住用行等方面的能源消费将处于上升阶段，人均生活用能会显著增长。可以说，没有能源作为支撑，就没有现代社会和现代文明。

近年来，我国正在全面运用市场经济手段控制污染，促进能源的可持续发展。市场手段可以从两个方面着手：一方面，利用硫税、氮税、生态环境补偿、电力环保折价等税收价格政策实现能源活动环境成本内部化。另一方面，利用排污交易、绿色电力市场、可再生能源配额信用等市场交易手段降低削减污染的社会成本。

（五）提高全民节能意识

我们应该积极提高全民节能意识，通过全民参与，推动节能，具体措施如下：一是提倡各级政府部门从自身做起，带头厉行节约，在推动建设节约型社会中发挥表率作用；二是建立政府机构能耗统计体系，明确能耗定额，重点抓好政府建筑物和采暖、空调、照明系统节能改造以及公务车节能；三是改变能源消费模式和习惯，增强全社会的节能意识；四是加大舆论监督，在全社会大力营造节约资源和保护环境的良好氛围，增强全社会的节能环保意识。

（六）发展分布式能源

"分布式能源"是指分布在用户端的能源综合利用系统。一次能源以气体燃料为主，可再生能源为辅，利用一切可以利用的资源；二次能源以分布在用户端的热电冷（植）联产为主，其他中央能源供应系统为辅，实现以直接满足用户多种需求的能源梯级利用，并通过中央能源供应系统提供支持和补充；在环境保护上，将部分污染分散化、资源化，争取实现适度排放的目标；在管理体系上，依托智能信息化技术实现现场无人值守，通过社会化服务体系提供设计、安装、运行、维修一体化保障；各系统在低压电网和冷、热水管道上进行就近支援，互保能源供应的可靠。分布式能源实现多系统优化，将电力、热力、制冷与蓄能技术结合，实现多系统能源容错，将每一系统的冗余限制在最低状态，利用效率发挥到最大状态，以达到节约资源的目的。

二、新能源的发展趋势及国内外新能源最新进展

能源安全已成为我国必须解决的战略问题。发展新能源和可再生能源十分紧迫，也是世界各发达国家竞相研究的热点课题之一。新能源与可再生能源不仅有利于解决和弥补我国化石能源供应不足的问题，而且有利于我国改善能源结构，保障能源安全，保护环境，走可持续发展之路。

（一）可再生能源的转换技术

目前，部分可再生能源利用技术已经取得长足的发展，并在世界各地形成了一定规模。生物质能，太阳能，风能以及水力发电，地热能等的利用技术已经得到利用。目前可再生能源在一次能源中的比例总体上偏低，一方面是与不同国家的重视程度与政策有关，另一方面与可再生能源技术的成本偏高有关，尤其是技术含量较高的太阳能、生物质能、风能等。近年来在国家的大力扶持下，我国在风力发电、海洋能潮汐发电以及太阳能利用，地热能利用等领域已经取得了很大的进展。

（二）城市新能源的开发与利用规划与措施

1.科学评估新能源和可再生能源资源潜力

对一个城市（有时包括其周边地区）可获得的新能源和可再生能源的资源数量、质量、开发利用条件、利用系数的评价和利用潜力的科学评估，是利用的基础。新能源、可再生能源因种类繁多，集中度低，利用条件也各不相同。现今水能、核能等已列入商品能源，在国家统计中列入能源核算体系，进行产业化利用，其他能源均尚未列入。显然，对水电、核电以外的新能源、可再生能源的潜

力估算，需要做大量深入细致的资源调查评价工作。

2.合理规划不同政策和资金投入下的利用规模

资源可获得量、当前利用量与政策相关和资金投入量密切相关。以生物能为例，秸秆、畜禽粪便和林木薪柴等可收集利用的数量及其作为沼气、秸秆发电、气化液化等利用的规模，不仅与农业政策有关，而且与政府给予的资金、技术支持有关。为了构建城市低碳能源体系，需要合理规划近期、中期和远期以及低投入、中投入和高投入情景下，新能源、可再生能源的开发利用规模及其在能源消费总量中的比例。

（三）常规能源开发、输送、加工转换过程的低碳化

常规能源产业有煤炭开采和洗选业，石油和天然气开采业，石油加工、炼焦及核燃料加工业，电力、热力的生产供应业。生产的主要产品有原煤、洗精煤、天然气、发电量。中国各城市能源产业门类构成、产业规模和特点各不相同。就多数城市而言，煤炭生产历史悠久，目前仍占主导地位；电力行业比较普遍；具有石油、天然气行业的城市只有少数。

（四）做好地质勘探等前期工作

在充分摸清煤油气田地质构造特征、赋存状况、储量规模及分布等的基础上，制定科学开发方案，是今后开发过程中实现低碳化的关键。开发方案应尽量提高采收率，实现持续高产，节约能耗，降低成本，这既是提高经济效益的需要，也是低碳化的要求。合理布局输送管线、储库和天然气消费大户，减少输气损失。同时，对煤油气田的勘探、建设、开发，铁路、公路及管线建设以及集、输、储运过程与低碳城市的农田保护、生态建设统筹规划、协调发展，使煤油气田开发的环境影响最小化，效益最大化。在制定科技规划时把清洁生产、污染防治、循环经济、节能降耗、环境应急等作为优先领域。对于电厂、电站建设要做好环境评价工作。依照法律程序认真做好水电、火电建设的环境影响评价和环境保护设计十分必要。水电、火电建设要充分考虑项目区域的环境质量和环境容量，对已经超过环境容量的区域，必须加大污染源治理力度，采取严格的区域削减碳排放措施，确保项目区域碳排放和污染物排放总量不增加。

（五）尽量采用先进装备和技术

目前，发电需要消耗大量的煤炭资源。加快淘汰、关停煤耗高、污染重的中小火电机组；按照国家产业政策和清洁生产要求，促进建设高容量、高参数的电站项目，如采用超大型、超临界机组，燃气—蒸汽联合循环机组，是降能、减排重要技术措施。采用超高压或特高压直流输配电技术，提高能源输送效率，降低损耗。此外，还应合理布局电源，缩短与负荷的距离，提高电压等级，合理调度，降低输送和变电损失。

（六）防止化石能源开采、使用带来的生态环境恶化和污染问题

煤炭、石油和天然气生产过程均可能带来生态破坏问题，其中煤炭最为突出。生态环境的恶化、退化是对碳汇能力的消减和破坏。为了保护生态环境，近几年国家通过整顿已关闭数以万计的小煤窑，依法关闭了土焦厂、土焦窑、石灰窑，将原土焦窑业主的资本引入环保型新产业，进而促使当地环境明显改善，经济效益也得到提高。企业从事可能引起水土流失的生产建设活动，应当采取措施保护水土资源，并负责治理因生产建设活动造成的水土流失。在山区、丘陵区、风沙区等区域进行油气资源开发和管道建设等项目，项目实施单位应编制建设项目水土保持方案，并按照有关规定报行政主管部门审查同意。

（七）地企合作建立风险管理机制

煤炭、石油和天然气开发、洗选、净化、储运过程，有一定风险，因此企业与地方合作建立风险管理机制，实行"预防为主、防治结合、严格管理、安全第一"的原则。当出现瓦斯、冒顶、漏水、漏气、火灾等事故时，迅速执行应急预案程序，使损失降到最低。

（八）能源供给端与能源需求端主动配合

城市能源消费按部门划分，主要用于第一产业（农林牧渔），第二产业（工业、建筑业），第三产业（交通运输业、商贸服务业等）和居民生活。建设低碳城市既需要各产业节能减排；又需要全社会节能减排。这应是能源消费者（企业、团体、居民）的主动行动。作为能源供给体系应与能源消费者主动配

合，加强节能减排的监管。

三、新能源技术与未来城市发展

2003年英国政府发表《能源白皮书》，题为"我们未来的能源：创建低碳经济"，首次提出"低碳经济"概念，引起国际社会的广泛关注。低碳经济是实现城市可持续发展的必由之路。低碳城市，就是在城市实行低碳经济，包括低碳生产和低碳消费，建立资源节约型环境友好型社会，建设一个良性的可持续的能源生态体系。低碳经济必然要求人类的能源生产方式发生改变。要提高能源转化使用效率和应用绿色能源，其核心是能源技术创新和制度创新。

（一）城市节能与能源循环利用

能源转化使用效率的提高包含了节能措施和能源的循环利用。城市的节能不仅要通过先进的技术与管理手段来提高能源利用效率，实现能源消耗的降低，还要控制与能源消耗有关的服务需求，即通过减少需求有效地降低能源消耗。城市生活垃圾这一"放错了地方的财富"，已被公认是一种可提供能源的资源，采用高效流化床焚烧技术处理固态垃圾可获得良好的效果，在完成垃圾处理的同时，获得的能源可用于城市热能和电力供应。而城市污水下水道污泥同样可以通过高压热裂解、蒸馏等化学物理手段制造液体燃料，作为城市能源的有力供应。

（二）绿色能源的应用以及对城市建设的作用

绿色能源可概述为清洁能源和再生能源。狭义地讲，绿色能源指氢能、风能、水能、生物能、海洋能、燃料电池等可再生能源，而广义的绿色能源还包括在开发利用过程中低污染的能源，如天然气、清洁煤和核能等。从城市经济可持续发展的角度看，开发绿色能源具有重要的现实意义。

氢能汽车的使用是目前氢能利用的一大亮点，对于发展低碳经济，改善城市空气质量，建设生态、环保城市有十分重要的意义。而太阳能技术是解决未来城市能源问题最重要的突破口，未来的城市应该是太阳能的城市，通过太阳能的规模化应用，有效减少化石能源的消耗和温室气体排放。通过太阳能屋顶或幕墙等方式，利用光伏组件收集太阳能，产生电能后向住户供电。也可以与公共电网相连接，组成并网光伏系统。这种并网系统因有太阳能、公共电网同时给负载供电，既充分利用了光伏系统所发出的电能，供电可靠性又得以增强；同时，建筑本身消耗不完的电量也可反馈给电网，起到调峰作用。

风能也在新型城市的转变中扮演了重要角色，如过去素有"煤电之城"美誉的阜新市正在打造百万千瓦风电城。

（三）新能源技术在未来城市中的应用展望

太阳能光伏发电、风能、生物质能、新能源汽车、水源/地源热泵等先进技术的大规模利用，向人们展现了未来城市发展的美好前景。面向未来，我国政府将着眼于城市的可持续发展，继续加大科技创新力度，加快发展方式转变，让科学技术引领城市未来发展。

第六章　城市环境治理理论研究

第一节　城市环境治理内涵及理论基础

一、城市环境治理的概念及内涵

城市环境治理是指各治理负责部门相互之间进行分工合作，共同对城市环境公共事务进行处理的过程或状态。随着"城市环境治理"的新概念的提出，使我们产生了新的理解方式，同时也通过这一概念促进了相应作用方式发生了质的转变。

（一）城市环境治理的概念

城市环境治理这一概念应包括以下几方面特征，首先应包含领导体制的综合性，其次含有运用手段的多样性，再次体现在依靠力量的标准性，最后体现在防止内容的动态性。通过结合查阅相关文献资料，现提出城市环境治理的概念：为了保护城市区域的环境不遭到破坏保持良好发展秩序，保证城市的经济能够维持长久发展，各级管理者应当将环境与发展综合考虑，严格按照现有的关于环境保护政策和规章制度，处理好城市关于经济和环境之间的矛盾。城市环境治理是为了实现城市的长久发展，增进公众利益，而采取的依法合理地对城市规划建设、市政设施、市容环卫、道路交通、生态环境，进行综合服务和管理的活动有关行为的总称。

城市环境治理既是一种公共治理，也是一种区域治理。理解和应用城市环境治理的概念，我们应该从以下几个方面着手：

1.城市环境治理的特点

城市环境治理这一理念刚刚出现不久，其作为一种新的管理方式，具有许多新的特点，主要表现在治理负责方并非传统单一的，治理权力并非集中式的与治理方式具有民主性的特点等。与城市环境管理最大的区别在于，城市环境治理市民可以参与，即政府可以与其他各种主体之间相互沟通共同负责实施。与最终的实现结果相比，城市环境治理更加侧重于相互合作以及沟通，通过各个部分共同参与，最终完成对环境治理的这一最终目标。

2.城市环境治理的核心

经济的发展固然重要，但在满足其健康发展的条件下，也要协调好与环境发展相适宜的关系，使得"城市人"健康发展的前提下对环境形成保护，并保持经济的增长。在城市资源环境经济相互结合的系统中，人是具有主动性的角色，因此要注意约束自己的行为。不管是什么活动，人类的行为都会影响到城市的环境。

3.城市环境治理的本质

根据"城市人"的特点，采取适当的对策，以实现环境与经济的和谐稳定，不断改善和完善自己的行为，积极探索新的发展道路，探索新的城市环境治理模式和经济发展方式，调整各方面的利益矛盾保持协调稳定发展，保持经济的增长从而保证满足人民的需求，同样也要衡量好城市生态环境承载力范围，只有不超出这一范围才能保证城市生态环境不遭到破坏，从而拥有宜居的生态环境。

4.城市环境治理的动力

我们能够实行环境治理的原因可以从内部和外部两方面来考虑，一方面，因为在政府、市民与市场之间的相互联系存在内在张力，另一方面，由环境所产生的推动力。

5.城市环境治理的趋势

为了实现美化环境，保护城市环境这一相同的目标城市负责治理的各个部门能够各尽其职。例如，政府能进行正确的引导起到带头作用，企业也能遵守相应规章制度，其他组织以及广大市民也能以身作则，在各方的共同努力下形成相互帮助、互惠互利的美好结果。

（二）城市环境治理的内涵及原则

1.城市环境治理的内涵

通过城市环境治理的概念可知，主要应重点强调以下两点：

（1）对人类行为的治理才是治理所应当关注的重点，因此需要实现从传统的管理角度的转变，应关注如何满足人类个体需要，不再一味地强制规定，而应是倡导有利于环境治理的活动方式，并结合出台法规、条例的做法。城市环境治理工作能走到今天经历了很多挫折，但在城市治理的工作中却占有最重要的地位。其作为城市治理的重要组成部分，不仅与之有着紧密的联系，还对城市的很多方面及未来的发展产生影响。这里的治理与其原本含义有所不同，并非上层对下层的强制管理，而是友善的，在新的时期具有了新的含义。从"管理"到"治理"是当今世界应对城市环境发展的基本趋势。

（2）实现城市环境治理，关键是把握好发展的步伐不要忽视了对环境的影响，从管理者以实现维护良好的环境作为工作重心，管理者与参与者都能体会到做好环境治理工作带来的好处。不仅做到环境与城市基础建设、经济建设等的协调发展，还要做到管理者与参与者的利益的协调发展。城市是指一种社会组织形式，具有一定的范围，其中一般聚集地居民不以农业劳动作为工作。环境则是指在外界存在的条件，可能是自然的或人工的，对于城市环境而言则是指会对人类活动产生影响的环境

2.城市环境治理的原则

根据城市环境治理的概念并结合其内涵，我们在治理的过程中应遵循以下几条原则：

（1）全面统筹，合理布局

要求从多角度对城市各种产业进行优化和产业结构调整，从不会对其他行业利益造成损害出发，对环境治理最终实现城市各种产业相互长久有序进步。其主要意义在于以下几个方面：一是能够更加合理和有效地利用现有的自然资源，并对未开发的部分加以管理、规划；二是增强了自然环境对于人类活动而产生负面影响的自净能力；三是有利于各区域之间的环境综合管理，不从局部的角度出发，应从全局考虑整体的利益，全面规划，合理布局的环境保护的战略措施。

（2）明确责任，各自承担

城市环境治理包含的范围很大，处理对象包含整个系统以及多种行为主体；而只有切实采取了保护环境的措施才能有效实现对环境的保护。因此，为了真正实现环境保护，维护各主体的利益，为了明确各自的职责并切实履行相应的义务，我们应做到以下几点：一是地方政府在各自的辖区内有责任监督环境质量，作为城市的管理者，有责任和义务在治理工作中发挥最积极的作用，如颁布适合地区性的法规、政策性文件，协调、鼓励及引导更多人参与到其中，或亲自参与环境治理的工作；二是污染者付费原则，城市环境是全体参与者的共同权益，任何人或组织都没有权利去破坏环境，如果发生了环境污染现象产生，则应有污染者负责直接责任，不仅要求最大限度地恢复原有的环境状态，还要有一定程度的处罚措施，如直接处以经济罚款，或间接地提高污染者今后生产的成本，但处罚内容不能允许污染者转嫁给他人；三是受益者分摊原则，该原则与上一条相呼应，在城市环境治理工作中得到的收益，应由参与者分摊，不得归为少数占为己有，否则会影响参与环境治理工作的积极性。

（3）预防保护为主，反对事后补救

为了保护城市环境，并防止环境资源遭到破坏，能够预防的问题就避免其发生，通过采取多种措施和手段，提前做好防范措施，及早发现问题发生的源头并消灭隐患，并在生产过程做好预防工作，在容易解决或还未发生的情况下就彻底消除环境隐患，而不能够等环境污染和资源破坏产生后再进行治理，因为一方面是多数的环境污染问题和资源破坏一旦出现后是无法弥补到之前的状态，另一方面是后期治理的成本，无论是财力、物力和人力的投入都要远大于提早预防所需要的投入更大。本原则提倡，除非人类了解自己的行为会对环境造成什么样的后果，则一定要停止该活动，因为可能会对环境造成未知的影响。要尽量在环境问题发生之前解决掉，从根源上杜绝可能会造成的不良影响。彻底贯彻落实这一原则的优势在于能够大幅度地降低环境治理的代价，使得人类进一步面临生态环境恶劣变化的风险下降，而且可以调整粗放式经济发展的传统落后的模式，组建一个有利于环境保护和资源利用的可持续发展的经济系统，最终实现全社会的可持续发展。

（4）公众参与，合力治理

公众参与是指公众应当肩负起保护环境的使命和职责，同时当环境和资源可能遭受破坏时对相应情况了解的知情权,具体包括以下三个方面的内容:一是公众具有参与环境保护的权利。环境对人具有十分重要的意义,人都是在环境中生存并延续下去,人的未来与之息息相关,因此作为一项基本人权,环境权具有十分重要的意义,是值得每个人珍惜并维护的。保护环境就是保护好人类发展的最根本利益,需要全社会积极参与进去。二是公众参与到环境保护活动中,在享受环境带来的权利的同时,承担相应的自身应尽到的义务与责任。三是近年人们对环境污染问题,提出了自己的建议,多数是由于人们对环境会受到污染而出现的担忧所导致,体现了公众对于城市建设规划与环境保护方面的信息内容了解得太少。

(三)城市环境治理的特点

城市环境治理的特点主要包括主体特征、行为特征、权利特征、内容特征、差异特征和动态特征几个方面:

第一,政府的相关部门以及包括企业和社会团队在内的非政府性质的组织都可以成为开展城市开展环境治理工作的主体。多元化的治理主体成为治理工作的显著特征;行为特征指的是各类治理主体的行为是自愿的非强制。

第二,治理行为活动是自上而下或自下而上,或两者的相互结合;是社会合作主导,而非政府独家主导;城市开展环境治理工作的权力中心逐渐由政府部门转向非政府性质的组织和企业。民间的组织、企业都会在一定的时候取代政府部门逐渐成为开展治理工作的中心主体。传统垄断性发生变化,形成多中心治理格局,表现为权力的非垄断。

第三,城市环境治理是一项复杂的系统工程,具有高度的综合性。既包括对象和内容的综合性,也包括治理手段的综合性。社会的经济系统,涉及经济、管理、法律、技术、社会、政治、科学等多个方面。同时,城市中的自然生态,都可以成为城市治理环境工作的重要对象。为了对民众在环境中的各项行为进行约束,各部门应当通过多方面的措施,包括教育、行政、技术、法律、经济等,进行环境的美化工作,促进环境质量的提高。这两方面都需要体现综合性,也就是内容特征。

第四,众多的城市地理位置不同、经济情况不同,呈现出多元化的情况,种种不同使得城市之间进行环境治理的工作中必然会遇到不同的问题。存在着明显的区域性与差异性，这是城市环境治理的一个重要特点。因而区域差异性成为环境管理的一个重要特点。为了更好地开展治理工作，应当充分地考虑实际的情况，联系各个城市不同的环境特点，结合活动开展的既定目标，选择合适的措施开展活动。

第五，城市的环境治理具有动态的特点，其治理的过程是不是静止的，一方面，社会各界对城市的环境治理工作的理解程度和认知程度，开展城市治理活动的具体措施和控制手段开展环境治理活动的技术能力，都会随着时间的推进而提高；另一方面，城市的生态环境随着城市中经济等各方面情况的发展而发生动态的变化，出现各种新的环境问题；为了在城市环境能够进行自净和承载的情况下开展各种经济活动，各部门必须根据实际的情况，调整环境治理的目标，开展相应的治理活动，促进动态的治理进程。

二、城市环境治理理论基础——可持续发展理论与循环经济理论

（一）可持续发展理论

1.含义、特征与内容

《我们共同的未来》报告给出"可持续发展"一个代表性的定义，它认为，可持续发展就是既能满足当代人的需要，又不对后代人满足其需要的能力构成危害的发展。可持续发展包含两个基本要素："需要"和"对需要的限制"。满足需要首先是要满足贫困人民的基本需要；对需要的限制主要是指对未来环境需要的能力构成危害的限制。可持续发展特征有生态持续、经济持续和社会持续，它们之间互相关联而不可侵害。孤立追求经济持续必然导致经济崩溃；孤立追求生态持续不能遏制全球环境的衰退。生态持续是基础，经济持续是条件，社会持续是目的。人类共同追求的应该是"自然——经济——社会"复合系统的持续、稳定、健康发展。可持续发展内容包括：可持续发展模式与评价指标体系；环境与可持续发展；经济与可持续发展；社会与可持续发展；区域的可持续发展。可持续发展涉及可持续经济、可持续生态和可持续社会三方面的协调统一。在经济可持续发展方面，可持续发展鼓励经济增长而不是以环境保护为名取消经济增长；在生态可持续发展方面，可持续发展要求经济建设和社会发展要与自然承载能力相协调；在社会可持续发展方面，可持续发展强调社会公平是环境保护

得以实现的机制和目标。

2.原则与体系

（1）公平性原则

可持续发展要满足全体人民的基本需求和给全体人民机会以满足他们要求较高生活的愿望。我们要给世界以公平的分配和公平的发展权，要把消除贫困作为可持续发展进程特别优先的问题来考虑。本代人不能因为自己的发展与需求而损害人类世世代代满足需求的条件，要给世世代代以公平利用自然资源的权利。资源和环境是人类生存与发展的基础，离开了资源和环境，就无从谈及人类的生存与发展。人类需要根据可持续性原则调整自己的生活方式、确定自己的消耗标准，而不是过度生产和过度消费。

（2）共同性原则

要实现可持续发展的总目标，我们就必须采取全球共同的联合行动，认识到我们的家园地球的整体性和相互依赖性。贯彻可持续发展就是要促进人类之间及人类与自然之间的和谐。

（3）和谐性原则

可持续发展就是要促进人类之间及人类与自然之间的和谐，如果我们能真诚地按和谐性原则行事，那么人类与自然之间就能保持一种互惠共生的关系，也只有这样，可持续发展才能实现。可持续发展指标体系是由状态指标、压力指标和响应指标所表征的影响环境可持续发展的三大类指标系统。

3.目标、战略与模式

可持续发展的目标是既要使人类的各种需要得到满足，个人得到充分发展，又要保护资源和生态环境，不对后代人的生存和发展构成威胁。这关注的是各种经济活动的生态合理性，强调对资源、环境有利的经济活动应给予鼓励，反之则应予摒弃。可持续发展战略则是指实现可持续发展的行动计划和纲领，是多个领域实现可持续发展的总称。它要使各方面的发展目标，尤其是社会、经济与生态、环境的目标相协调，可持续发展的模式不是只顾发展不顾环境，而是尽力使发展与环境协调，防止、减少并治理人类活动对环境的破坏，使维持生命所必需的自然生态系统处于良好的状态。

（二）循环经济理论

1.含义、特征与内容

循环经济是指在人、自然资源和科学技术的大系统内，在资源投入、企业生产、产品消费及其废弃的全过程中，把传统的依赖资源消耗的线性增长的经济，转变为依靠生态型资源循环来发展的经济。与传统经济相比，循环经济有很大的不同：传统经济是一种由"资源——产品——污染排放"单向流动的线性经济，其特征是高开采、低利用、高排放。与此不同，循环经济倡导的是一种与环境和谐的经济发展模式。它要求把经济活动组织成一个"资源—产品—可再生资源"的反馈式流程，其特征是低开采、高利用、低排放。循环经济是对大量生产、大量消费、大量废弃的传统经济模式的根本变革。其基本特征是：在资源开采环节，要大力提高资源综合开发和回收利用率；在资源消耗环节，要大力提高资源利用效率；在废弃物产生环节，要大力开展资源综合利用；在可再生资源产生环节，要大力回收和循环利用各种废旧资源；在社会消费环节，要大力提倡绿色消费。

2.原则与评价体系

（1）资源利用的减量化原则

资源利用的减量化原则属于系统输入端方法，目的在于减少生产和消耗过程的物质流量，遏制资源消耗的线性增长，从源头上节约资源使用量和减少污染物排放。

（2）产品的再利用原则

产品的再利用原则属于系统的过程性方法，旨在提高产品和服务的利用效率，要求采用标准设计和制造工艺，产品和包装容器以初始形式多次使用，减少一次性用品的污染量。

（3）废弃物的再循环原则

废弃物的再循环原则属于系统的输出端或终端方法，它要求物品完成使用功能后重新变成再生产资源，回收利用，加入新的生产循环。

循环经济应遵循的具体原则包括：系统分析的原则；生态成本总量控制的原则；大力利用可再生资源的原则；积极利用高科技的原则；将生态系统建设作为基础设施建设的原则；建立健全绿色的国民经济核算体系的原则；建立绿色消费

制度的原则。循环经济评价指标体系主要包括资源产出、资源消耗、资源综合利用和废物排放四个方面。分为宏观和工业园区两个循环经济评价指标体系。宏观层面的循环经济评价指标体系主要用于对全社会和各地发展循环经济状况进行总体的定量判断，为制定和实施循环经济发展规划提供依据。工业园区评价指标主要用于定量评价和描述园区内循环经济发展情况，为工业园区发展循环经济提供指导。

3.规划与实施方式

循环经济发展规划是规定资源产出率、废物再利用和资源化率等指标的规划，包括规划目标、适用范围、主要内容、重点任务和保障措施等内容。循环经济实施方式有清洁生产、工业生态园区与循环型社会。清洁生产就是在工艺、产品、服务中持续地应用整合且预防的环境策略，以增加生态效益和减少对于人类和环境的危害和风险的一种生产方式。生态工业园是指一个由制造业企业和服务业企业组成的企业生物群落。它通过在包括能源、水和材料这些基本要素在内的环境与资源方面的合作和管理，来实现生态环境与经济的双重优化和协调发展。循环型社会就是通过抑制废弃物等的产生、将排放的废弃物等作为资源加以循环利用及确保进行适当的处置三个步骤，以达到抑制对天然资源的消费，最大限度地降低环境负荷。

第二节　中国城市环境治理的基本现状与主要问题

一、城市环境治理的基本制度

中国已经形成了一套具有本国特色的环境保护管理制度，这些制度同样适用于城市环境治理制度，主要内容与特征表现在：

（一）环境保护目标责任制

环境保护目标责任制是城市政府和排污单位对环境质量负责的行政管理制

度，其核心是责任制，即地方各级人民政府及其主要领导人要对城市的环境质量负责，并将城市环境治理的任务分解到各有关部门和单位，形成市长统一领导下的城市环境综合管理的管理机制。环境保护目标责任制的内容包括共性目标任务和重大项目、重点工作任务两部分。

环境保护目标责任制主要包括以下内容：一是明确提出保护环境是各级政府的职责，各级人民政府都要对其管辖的环境质量负责；二是每届政府在其任期内都要采取措施，使环境质量达到某一预定的目标；三是目标责任制通常是由上一级政府对下一级政府签订环境目标责任书体现的，下一级政府在任期内完成了目标任务，上一级政府给予鼓励，没有完成任务的则给予处罚；四是各级政府通常要进行目标分解，把目标所定的各项内容分解到各个部门，甚至下达到有关企业逐一落实。

环境保护目标责任制类型包括：一是确定政府在任期内的任期目标和环境管理指标，通过逐层签订责任书，对指标进行层层分解，逐级下达到企业；二是各个系统、部门都签订责任书，负责分管市长与分管的厅、局、委、办领导签订责任书，厅、局、委、办领导与公司企业负责人签订责任书；三是政府直接与企业签订责任书或实行环境保护指标承包；四是把环境效益与城市经济效益总挂钩签订责任书，企业工资总额随环境效益变化而变化，市政府全体工作人员的奖金与全市的环境质量状况与指标完成情况挂钩。

（二）环境影响评价制度

环境影响评价是指对规划和建设项目实施后可能造成的环境影响进行分析、预测和评估，提出预防或者减轻不良环境影响的对策和措施，并进行跟踪监测的方法与制度。环境影响评价的适用范围包括规划和建设项目。环境影响评价的内容主要是提出预防和减轻不良环境影响的对策和措施。环境影响评价包括跟踪评价制度，即项目建设和规划实施阶段的跟踪监测与补偿。环境影响评价公众参与要遵循一定的原则与程序，包括公开环境信息、征求公众意见的范围、原则、程序、方式，以及公众参与的组织形式（调查、座谈会和论证会）。环境影响评价的种类有：

1.建设项目环境影响评价

建设项目环境影响评价的对象范围是各类建设项目。建设项目环境影响评价的工作程序分为准备阶段、正式工作阶段和报告书编制阶段。建设项目环境影响评价的主要工作内容包括：工程分析；环境现状调查与评价；环境影响识别、评价因子筛选与评价等级确定；环境影响分析、预测和评价；环境保护措施及其技术、经济论证；对本项目的环境影响进行经济损益分析；开展公众参与；拟定环境监测与管理计划；编制环境影响报告书。

2.规划环境影响评价

规划环境影响评价就是在政策法规制定之后，项目实施之前，对有关规划的资源环境的可承载能力进行科学评价。规划环境影响评价的对象是各类规划。规划环境影响评价的工作程序分为准备阶段、正式工作阶段和报告书编制阶段。

3.环境"城考"制度

城市环境综合管理定量考核制度简称"城考"制度，是指通过实行定量考核，对城市政府在推行城市环境综合管理中的活动予以管理和调整的一项环境监督管理制度。城市环境综合管理的目的在于解决城市环境污染和提高城市环境质量。"城考"工作是实行地方政府环保目标责任制的重要组成部分。考核对象是各城市人民政府，考核重点是城市环境质量、环境基础设施建设、污染防治工作和公众对环境的满意率等。通过"城考"工作，提高城市环境管理水平，改善城市环境质量，促进城市可持续发展。

（三）城市空气质量报告制度

城市空气质量报告制度是向社会公众发布本地空气污染指数，反映城市环境空气质量状况的一项制度。城市空气质量周报的基本内容包括五个方面：一是周报形式与范围。空气质量周报采用空气污染指数的形势报告。二是适用于全省城市的空气质量周报工作。三是空气质量周报的监测项目与监测点位。空气质量周报的监测项目统一规定为二氧化硫、氮氧化物和总悬浮颗粒物。各城市环境监测站应按照国家有关标准和环境监测技术规范进行监测。各城市可根据本地空气污染的特点，增加本地空气质量周报的污染物项目，以便更为全面客观地反映本城市的空气污染状况。四是监测方法。监测方法采用国家标准方法、环境监测技术规范规定的方法和国内外广泛应用且为《环境空气质量标准》所引用的方法。五是空气污染指数及其报告。根据中国空气污染的特点和污染防治重点，二氧化硫、氮氧化物和总悬浮颗粒物被计入空气污染指数的项目规定。

（四）污染集中控制制度

污染集中控制制度又称污染物集中控制制度或污染物排放总量控制制度，是指在特定的时期内，综合经济、技术、社会等条件，采取通过向排污源分配污染物排放量的形式，将一定空间范围内排污源产生的污染物的数量控制在环境容许限度内而实行的污染控制方式及其管理规范的总称。实施污染集中控制制度的要求有五点：一是实行污染集中控制制度，必须以规划为先导；二是集中控制城市污染，要划分不同的功能区域，突出重点，分别管理；三是实行污染集中控制，必须由地方政府牵头，政府领导人挂帅，协调各部门，分工负责；四是实行污染集中控制必须与分散治理相结合；五是实行污染集中控制必须疏通多种资金渠道。污染集中控制的类型主要有：废水污染的集中控制、空气污染的集中控制、有害固体废物集中控制。

（五）污染限期治理制度

污染限期治理也称污染源限期治理，是以污染源调查、评价为基础，以环境保护规划为依据，突出重点，分期分批地对污染危害严重、群众反映强烈的污染物、污染源、污染区域采取的限定治理时间、治理内容及治理效果的强制性制度。污染限期治理的重点有：一是污染危害严重，群众反映强烈的污染物、污染源；二是位于居民区、水源保护区、风景游览区、自然保护区、温泉疗养区、城市上风向等环境敏感区的污染企业；三是区域或水域环境质量十分恶劣，有碍景观的环境综合治理项目；四是污染范围广、污染危害较大的行业污染项目，实行污染限期治理制度必须坚持强制与自觉相结合；五是必须从国情、省情、市情出发，实事求是；六是必须坚持环境效益、社会效益、经济效益统一的原则；七是以法律形式确立的制度，又要按法律程序来执行和完善。

（六）排放污染物许可证制度

排污许可证制度是以控制物总量为基础，规定排污单位许可排放污染物的数量、种类，以及许可污染物排放去向等，对重点区域、重点污染源单位的主要污染物排放实行定量化管理。排污许可证制度以排污申报登记制度为基础，即每个排污单位都须按规定向环境保护管理部门申报登记所拥有的污染物排放设施、污染物处理设施和正常作业条件下排放污染物的种类、数量和浓度。排污许可证制度的内容与程序包括：各级环境保护行政主管部门应当按照污染物总量控制的要求，遵循公开、公平、公正的原则核发排污许可证；省环境保护行政主管部门负责有关排污单位排污许可证的核发；排污单位申领排污许可证的申请，可以通过信函、电报、电传、传真、电子数据交换和电子软件等方式提出；排污单位申请排污许可证，应当提交有关材料；环境保护行政主管部门对符合条件的排污单位，核发排污许可证。

（七）排污收费制度

排污费征收核心内容体现在：一是排污费征收使用实行收支两条线管理；二是在加大环保执法力度、规范执法行为、构建强有力的监督、保障体系、突出政务公开等方面做了明确规定。排污收费制度是"污染者付费"原则的体现，可以使污染防治责任与排污者的经济利益直接挂钩，促进经济效益、社会效益和环境效益的统一。

排污收费种类概括起来主要有：一是排污费，包括污水超标水量排污费，二氧化硫排污费，废渣排污费；二是超标排污费，包括污水超标排污费，废气超标排污费，噪声超标排污费；三是加倍收费；四是征收滞纳金，逾期不按规定时间缴纳排污费的，按每天0.1%征收滞纳金。

（八）"三同时"制度

"三同时"制度是指一切新建、改建和扩建的基本建设项目（包括小型建设项目）、技术改造项目、自然开发项目以及可能对环境造成损害的其他工程项目，其中防治污染和其他公害的设施和其他环境保护设施，必须与主体工程同时设计、同时施工、同时投产。"三同时"制度具有法律严肃性、纳入基建程序与规定了时限等特征，具有明显的中国特色。"三同时"制度是中国环境管理所独创，对世界环境管理有深远影响。这项制度由于内容具体、时限明确、收益明显，是中国开发建设活动环境管理的重要手段。"三同时"制度的对象包括：一切新建、改建和扩建的基本建设项目、技术改造项目、自然开发项目，以及可能对环境造成损害的工程建设。"三同时"制度的范围是：目前适用于中华人民共和国领域内的工业、交通、水利、农林、商业卫生、文教、科研、旅游、市政等对环境有影响的一切基本建设项目、技术改造项目、区域开发建设项目、引进的建设项目。"三同时"制度中的环境保护设施包括防治环境污染设施、防治环境破坏设施。

（九）淘汰落后生产能力工艺产品制度

淘汰落后生产能力工艺产品制度简称"淘汰"制度，其含义是指国家政策规定，关闭淘汰落后生产能力、工艺和产品的一项制度。"淘汰"制度的对象是落后生产能力、落后生产工艺装备和落后产品。淘汰落后生产能力，包括停产、拆除、关闭、转产、重组等多种方式。主要有两大类型：一类是政府依法要求企业淘汰落后生产能力，带有一定的政策导向性和实施强制性；另一类是企业在市场压力和政策引导双重作用下，主动淘汰落后生产能力，此类情况在市场经济环境下占大多数，发挥了市场机制配置资源的基础作用。淘汰落后生产能力工艺产品制度的原则有三个方面：一是促进可持续发展的原则；二是扶优与汰劣相结合的原则；三是依法行政、合力推动的原则。淘汰的范围包括：违反国家法律法规、生产方式落后、产品质量低劣、环境污染严重、原材料和能源消耗高的落后生产能力、工艺和产品。

二、城市环境治理的机构体制与实践模式

（一）城市环境治理的机构体制

城市环境管理体制是指在城市环境管理工作中，为了处理与协调各方面的职权范围与职责分工而采取的组织方式。环境管理体制是规定中央、地方、部门在环境保护方面的管理范围、权限职责、利益及其相互关系的准则，其核心是管理机构的设置、各管理机构的职权分配以及各机构间的相互协调。环境管理体制直接影响到管理的效率和效能，在中央、地方、部门、企业等整个环境管理中起着决定性作用。

中国环境管理体系主要分为两个大的系统：完全专门环境管理体系与部分非专门环境管理体系。完全专门环境管理体系主要是指中华人民共和国生态环境部及其地方各级环境保护部门构成的环境管理系统。部分非专门环境管理体系主要是自然资源部系统，水利部系统，农业农村部系统、林业部系统等承担的、负责

管理而构成环境管理系统。例如自然资源部有关环境保护方面职责为：承担保护与合理利用土地资源、矿产资源、海洋资源等自然资源的责任；承担地质环境保护的责任；承担地质灾害预防和治理的责任。

（二）城市环境治理的实践模式

中国在进行城市环境保护管理的过程中，先后采取了创建国家卫生城市等若干实践模式，有效遏制了城市污染的蔓延，促进了经济社会的发展。

1.创建国家卫生城市

国家卫生城市称号是反映一个城市整体卫生文明程度的最高荣誉。开展国家卫生城市创建活动，营造整洁卫生、舒适优雅的城市环境，既是物质文明建设的重要内容，又是精神文明建设的有效载体。创建国家卫生城市作为一种有效载体，可以全面改善环境卫生质量，增强全民的健康素质，推进全面建成小康社会进程。国家卫生城市考核指标有10类65项，具体考核内容包括爱国卫生组织管理、健康教育、市容环境卫生、环境保护、公共场所、生活饮用水卫生、食品卫生、传染病防治、病媒生物预防控制、社区和单位卫生、城中村及城乡接合部卫生等。国家卫生城市考核监督工作主要有：卫生城市申报及条件；卫生城市评审程序；卫生城市命名；卫生城市监督管理。

2.创建国家环境保护模范城市

国家环境保护模范城市是遵循和实施可持续发展战略并取得成效的典范，是中国城市21世纪初期发展的方向和奋斗目标，是中国环境保护的最高荣誉。国家环境保护模范城市的标志是社会文明昌盛、经济健康快速发展、生态良性循环、资源合理利用、环境质量良好、城市优美洁净。国家环境保护模范城市考核指标体系分为基本条件和考核指标两部分。基本条件包括：城市环境综合管理定量考核连续三年名列本省（自治区）前列；近三年城市辖区内未发生重大、特大环境污染和生态破坏事故，前一年未有重大违反环保法律法规的案件，制定环境突发事件应急预案并进行演练；环境保护投资指数1.7%。考核指标包括社会经济、环境质量、环境建设和环境管理四个方面。创建与管理工作包括：正式申请；制定规划；组织实施；省级推荐；技术评估；考核验收；通告公示。

3.创建生态城市

生态城市应是结构合理、功能高效和关系协调的城市生态系统。生态市的基本条件共赋28分，28项指标共赋72分，达标满分，未达标赋零分。其基本条件为：制定了生态市建设规划；县达到生态县建设指标；全市县级（含县级）以上政府有独立的环保机构；国家有关环境保护法律、法规、制度及地方颁布的各项环保规定、制度得到有效地贯彻执行；污染防治和生态保护与建设卓有成效；资源利用科学、合理，未对区域（或流域）内其他县域社会、经济的发展产生重大生态环境影响。

生态城市考核程序：申报；省级环保部门考核，通过省级考核后，由省级环保部门向生态环境部提交考核报告，并附上有关县、市人民政府的申请材料；生态环境部组织技术核查、考核验收和审议；公示；命名；复查。

生态城市建设规划应包括结构、体系、空间、时间、功能、规模、比例、位置、维、场和数量的规划，应关注城市自然生态与人类生态建设的关系、生态产业建设与生态环境建设的关系、人居环境建设与景观生态建设的关系。生态城市的规划与建设必须遵循生态学原理和方法，既要符合自然生态本源，又能体现城市较完美的人居环境形象。

4.创建全国绿化模范城市

申报"全国绿化模范城市"的范围包括：省会城市，计划单列市、地级市和县级市，直辖市管辖的区。创建全国绿化模范城市包括的内容：各级领导对城市绿化工作的重视程度；绿化委员会及其办公室机构建设情况；城市绿化规划制定情况；绿化宣传工作；城市绿化情况；单位绿化情况；新建、改建、扩建项目绿化用地面积配套情况；绿化成果保护和管理工作；古树名木保护工作。全国绿化模范城市评选条件主要有9个方面；全国绿化模范城市的考核指标共分3大类、67项。

全国绿化模范城市申报程序是：申报，各省、各部门（系统）绿化委员会办公室对申报和推荐的全国绿化模范城市审核、预检，确认无异议后，向全国绿化委员会申报和推荐；评定，全国绿化委员会评审委员会组织专家对参加评选的城市进行检查和评选。

5.创建国家森林城市

国家森林城市，是指城市生态系统以森林植被为主体，城市生态建设实现城乡一体化发展，各项建设指标达到规定指标并经国家林业主管部门批准授牌的城市。创建国家森林城市的宗旨是"让森林走进城市，让城市拥抱森林"，总体思路是以林网化—水网化的中国城市森林建设理念为指导，服务城市发展和人居环境需求。创建国家森林城市的工作要求：城市、林业、园林"三者融合"；城区、近郊、远郊"三位一体"；水网、路网、林网"三网合一"；乔木、灌木、草丛"三头并举"；生态林、产业林、文化传承林"三林共建"。

创建国家森林城市的基本原则：坚持城乡统筹，政府主导的原则；坚持生态优先，师法自然的原则；坚持林水相依，乡土植树为主的原则；坚持人与自然和谐相处的原则。森林城市建设评价指标主要有：覆盖率、森林生态网络、森林健康、公共休闲、生态文化、乡村绿化。

6.创建国家园林城市

国家园林城市，是根据中华人民共和国住房和城乡住建部《国家园林城市标准》评选出的分布均衡、结构合理、功能完善、景观优美，人居生态环境清新舒适、安全宜人的城市。国家园林城市实行申报制，申报范围为：全国设市城市均可申报国家园林城市；直辖市、计划单列市、省会城市的城区可申报国家园林城区（参照园林城市申报与评审办法和标准）。申报条件为：已制定创建国家园林城市规划、并实施3年以上；对照住建部《国家园林城市标准》组织自检达到国家园林城市标准；已开展省级园林城市创建活动的，必须获得省级园林城市称号2年以上；近3年内未发生重大破坏绿化成果的事件。申报程序为：由申报城市人民政府向住建部提出申请，并抄报省级建设主管部门；由所在省级建设主管部门对申报城市组织资格评定，根据评定结果，向住建部提出初评意见；直辖市申报国家园林城市由城市人民政府直接报住建部；申报国家园林城区的，先报经城市人民政府同意，并提出上报意见。

7.创建绿色城市

绿色城市是绿色经济发展水平比较高，经济发展资源消耗低、环境代价小，城市重视环境保护和治理，空气清新，人、社会和自然和谐发展的城市。绿色城市创建评选重点考核候选城市绿色经济指数、绿色经济潜力指数、人居环境指数、污染防治指数四个方面。绿色城市创建评选标准的具体指标有：全年空气质量二级以上天数；城市环境治理；高效用水、高效用能情况得分；废物处理率；城市绿化率；环境治理投资增长率；公众环境质量评价；群众性环境诉求事件发生数量等指标；当地政府对中央各项森林及环保法规政策的落实情况纳入；专家和组委会对城市的整体形象评价。绿色城市申报受理机构为中国绿色发展高层论坛专家评审委员会，采取自愿申报和推荐申报两种方式，申报材料包括提名申报表、申报内容介绍、必要的图片—资料或影像资料光盘。绿色城市评审程序为：评审工作委员会受理申报项目，进行资格预审；通过预审的申报项目，提交专家评审委员会；根据申报项目专业，组委会组成专家评审组进行评选；专家评审组对申报者进行现场考察，提出评选意见作为评审的重要依据；网络报纸等媒体公布评审组提名名单，网民公开投票评选；专家评审组根据评审标准及参考网民评选意见对评审对象进行正式评审，形成评审最终意见；经评审合格者，报中国绿色发展高层论坛专家评审委员会决定正式批准后，由中国绿色发展高层论坛组委会予以公布。

三、中国城市环境治理的主要问题

（一）城市环境治理保护的认识及自觉性还有待提高

城市环境问题，已经成为影响城市发展的重大问题。实践中，社会各界对城市环境治理的认识并不高，部分干部认识模糊。一是许多城市政府并没有正确认识和处理好经济发展与环境保护的关系，当前与长远、局部与全局的关系。为数不少的领导干部认为加大环保力度会影响经济发展。在错误的发展观指导下，采取牺牲环境的做法，只追求投资增长，不考虑环境容量的承载能力任意排放污染物，其结果是城市环境受到严重污染。二是公众的环境意识、环境伦理道德水平不够高，参与公共环境保护的自觉性也不够强。市民随意乱扔垃圾等行为到处可见，诸多陈规陋习和不良的生活习惯仍然影响着城市的公共环境。三是相当一部分企业仍为当前经济利益而不严格遵守城市环境保护法律法规，抵制环保执法、任意违规排污的现象仍较普遍。由于认识不足，一些地方城市政府忽视了环境保护的基本职责，重GDP增长、轻环境保护，城市环保治理投入严重不足，环保欠账过多，环境治理明显滞后于经济发展。社会各界对城市环境保护意识不强仍是制约中国城市环境治理工作开展的重要因素。

（二）城市环境重要基础设施建设严重滞后

城市环境基础设施建设薄弱，欠账很多，生活污水集中处理、生活垃圾无害化处理和危险废物处置等建设能力尤显不足：一是一些城市脱硫设施建设严重滞后；二是建成污水处理厂建设问题突出；三是垃圾无害化处理设施参差不齐。随着城市化的迅速发展，人口迅速向城市聚集，城市环境治理对环境基础设施的需求迅速增长，城市环境卫生基础设施建设滞后的现状将使城市环境问题更加突出。

（三）城市机动车污染问题日益严峻

中国汽车业的高速发展给环境保护和能源供应带来了巨大的压力，排放尾气引起的污染问题快速成为城市治理空气污染中的难点，具体包括以下问题：

第一，机动车尾气排放已经成为大城市空气污染的重要来源。汽车废气含有上千种化学物质，可分为气体（一氧化碳、碳氢化合物、醛类等）和颗粒物（碳黑、焦油的重金属等）两大类。由于汽车废气的排放主要在0.3米至2米之间，正好是人体的呼吸范围，对人体的健康损害非常严重——刺激呼吸道，使呼吸系统的免疫力下降，导致暴露人群慢性气管炎、支气管炎及呼吸困难的发病率升高、肺功能下降等一系列症状。尾气中的苯类物质更是强致癌物质，会引发肺癌、甲状腺癌等。

第二，机动车保有量激增导致尾气污染升级。机动车保有量增长使城市机动车尾气污染问题升级，尤其是在大城市中，问题更为严重。一些大城市的大气污染正在由烟煤型向汽车尾气型转变。

第三，道路上机动车数量的增加，造成了大量交通拥堵，更加重了空气污染。城市人均道路面积逐年逐渐减少，交通问题和污染问题会变得十分突出。有的城市市内交通通行速度已由每小时20公里下降到10公里，噪声也增加到70分贝。

（四）城市环境污染外推边缘化问题日益显现

城市规模与数量快速发展，导致环境污染外推边缘化问题日趋严重，具体包括以下问题：

第一，城市低密度开发模式使城市周边生态系统受到严重破坏。中国大中城市的空间变化主要表现为摊大饼，外部扩张，呈蔓延式扩张趋势。这种发展模式大肆侵占城市周边的农田、绿地、林地等，打破城乡生态平衡，迅速地降低城市和城市周边地区环境的承载能力和污染的净化能力。

第二，城市环境基础设施建设薄弱迫使周边地区更多地承担来自中心城区的各种污染。薄弱多病的城市环境基础设施，面对庞大的生活污水、生活垃圾和危险废物其处置能力明显不足。城市污染物处理率低，大量未经处理的污水直接排入城市周边的溪流、河流和湖泊，污染了地面和地下水质。填埋或堆放的城市周边地区的固体废弃物，直接污染了周围的地上、地下和地表水源。

（五）城市环境治理经济政策激励效应不足

中国政府先后制定和实施了不少环境经济政策，主要包括征收排污费、减免税收、加速设备折旧、环境保护项目优先贷款、建立环境保护专门基金、大气污染物排污交易、征收生态补偿费等。但多数未达到预期效果：一是政策操作性不强，有的政策虽好但难以操作，无法实施；二是政策执行力不高；三是缺乏区域性；四是奖惩不匹配。政策和法律设定的奖惩力度低，导致了"环境违法成本低、环境执法成本高"。

（六）城市环境管理体制创新不足严重制约环境治理体制转型

城市环境问题的复杂性与损害的严重性，引致"生存性环境权益""生产性环境权益"与"发展性环境权益"之间频发利益冲突。中国生态环境部是城市环境管理制度创新的主要表现。但面对复杂、多元的中国城市环境问题，仍然显得严重不足，问题颇多：

1.职能分散化

据统计，与环境保护管理有关的职能分散在十余个部门：外交部负责国际环保条约谈判；发展和改革委员会负责环保产业、产业结构调整等政策制定、气候变化工作；水利部负责水资源保护；林业总局分管森林养护、生态保护；海洋局分管海洋环境保护；气象局负责气候变化、空气质量监测；农业农村部负责农村水、土壤环境保护；住建部分管城市饮用水、垃圾；自然资源部管理水土保持、国土管理、土壤保护；卫健委负责城市与农村饮用水卫生安全。九龙治水，分散管理，导致环境保护这一系统性很强的领域被人为地割裂开来，极大地影响了环保效率。环保部门在许多职能部门的管辖领域行使职权时，会面临有责无权的问题。

2.权力碎片化

根据现行环境保护管理机构设置规定，从中央到地方，形成了一整套庞大的管理机构。但由此造成环境保护管理职能权力被地方分割甚至被架空的"权力碎片化"问题。现行地方环境保护管理部门人、财、物均受制于地方政府，而一些地方政府"先污染后治理甚至不治理"的思维依然顽固，导致地方环保部门的执法和科学、公正的环境监测都难以落实。

3.方式单一化

在环境保护管理工作的运作方式上，存在着单方面强调政府行为、强调自上而下的决策和执行方式、忽视经济活动的基本规律以及社会根本需求和民众根本利益的现象，导致环境保护成了政府的包袱和企业的负担，加深了保护环境与发展经济的对立。可见，不断深化环境保护行政体制改革，探索符合中国环保新道路的组织管理体系，是当前和未来一段时期的重要工作。

第三节 城市环境治理的理论框架

一、城市环境治理主体的内容、博弈与实现条件

（一）城市环境治理主体的基本内容

1.城市环境治理主体的含义、特征与分类

（1）城市环境治理主体的含义

城市环境治理主体是城市环境治理理论的重要内容之一。主体是指实践活动和认识活动的承担者，而城市环境治理主体则是指城市环境治理实践中的治理机构与组织体系。城市环境治理的客体主要是指城市环境，包括自然环境与人工环境。

（2）城市环境治理主体的特征

第一，主体多元化。城市环境治理主体包括政府、企业与民间组织等。

第二，主体广泛性。城市环境治理主体既有人格化主体，如政府、企业，也有城市公民。政府中包括政府本身，也包括政协委员会等；企业中包括各类性质的公司企业。

第三，主体权力非垄断性。城市环境治理主体既有权力主体，也有非权力主体，两者都不能垄断对方，彼此相互支持，共同发展。

第四，主体互动性。城市环境治理主体之间互动合作，而不是互相排斥。通过互动合作，发挥能动性与创造性。

（3）城市环境治理主体的分类

从传统管理与现代治理的不同的理念看，城市环境治理主体可划分为单一治理主体，即政府；多元治理主体，如政府、市场与社会治理主体。

从行政区域隶属关系看，城市环境治理主体可划分为中央城市环境治理主体、省级城市环境治理主体、县级城市环境治理主体与乡镇级城市环境治理主体。

从城市环境污染类型看，城市环境治理主体可划分为大气污染治理、水污染治理、固体废物污染治理、噪声污染治理、电磁波污染治理、光污染治理等主体，以及生物污染治理主体、交通环境治理主体等。

从是否拥有权力看，城市环境治理主体可划分权力主体与非权力主体。在这些分类中，政府是最重要的主体，也是核心主体。

城市环境治理权力主体是指拥有正式直接行使城市环境治理制定与执行权力的各种组织的有机结合的总和。我国城市环境治理的权力主体包括：党的城市组织体系，如北京市委、市委常委；城市国家权力机构组织体系，如北京市、区以及县人大及其常委会；城市政府行政组织体系，如北京市人民政府、区人民政府、县人民政府以及街道办事处；城市政府司法机关组织体系，如北京市各级人民法院、各级人民检察院。城市环境治理非权力主体是虽然不具有正式直接行使城市环境治理制定与执行的权力，但对其制定与执行有积极影响作用的群体、组织及公民个人的总和。我国城市环境治理的非权力主体包括：各级城市政治协商会议；各级城市民主党派；城市居民委员会；城市人民团体；各类公司企业；民间组织与非政府组织；城市居民。

2.主体构成与主要内容分析

城市环境治理主体是一个多元化的体系，主要由政府、公司企业、民间组织、非政府组织、市民（或公民）等构成。

（1）政府

城市政府是一个国家整个政府体系的有机组成部分。所谓政府是指为执行国家权力，进行政治统治并管理社会公共事务的机关。广义的政府是国家的立法机关，行政机关和司法机关等公共机关的总和；狭义的政府是指一个国家的行政机关，一般使用狭义的政府概念。政府是一个国家的中央和地方行政机关的总合。政府一般设公安、司法、行政、国防、外交、财政、工业、农业、商业、交通运输、科技、文教、体育、卫生、环境保护等职能机构，分别管理国家各方面的行政事务。

我国城市环境治理中的政府治理主体分为广义和狭义两个方面。广义的政府主体则包括各级人民代表大会及其常委会、各级政治协商会议与各级人民法院、各级人民检察院。如北京市人民代表大会、丰台区人民代表大会及其常委会与太平桥街道办事处人民代表大会主席团。进一步可知，环境保护管理机构是政府治理主体最直接的治理主体，即是指城市各级政府、各级环境保护管理机构以及其他政府机构中的相关环境管理部门。狭义的政府主体，主要是指城市各级人民政府，如北京市人民政府、西城区人民政府与广安门街道办事处。

在我国城市环境治理过程中，政府是核心主体，其作用是弥补市场不足，纠正市场失灵，保持和提高城市环境质量。

（2）公司、企业

公司或企业不断聚集和壮大推动了城市经济的发展，但也会造成一定程度的环境污染。企业是指从事生产、流通、服务等经济活动，以生产或服务满足社会需要，实行自主经营、独立核算、依法设立的一种盈利性的经济组织。公司则是依照公司法设立的以营利为目的的企业法人。企业的概念大于公司。企业主要可以分为以下几类：一是以投资人的出资方式和责任形式为依据可分为个人独资企业、合伙企业、公司制企业；二是以投资者的不同为依据可分为内资企业、外商投资企业和港、澳、台商投资企业；三是按所有制结构为依据可分为全民所有制企业、集体所有制企业和私营企业。公司主要可以分为两大类：一类是按股东对公司负责人不同可分为无限责任公司、有限责任公司、股份有限公司；另一类是按信用等级不同可分为人合公司、合资公司、人合兼合资公司。

公司、企业既是市场发展运行的主体，也是城市环境治理最活跃最关键的主体。公司企业是典型的"经济人"，追求利益最大化是其生存发展的根本法则。企业是企业行为的实施者，也是受益者，作为"经济人"，必须承担企业社会责任，参与治理城市环境。

（3）民间组织

民间组织的一般含义是指公民自愿组成，依法登记成立从事民间活动的社会中介组织。中国民间组织的定义是指由各级民政部门作为登记管理机关进行登记并纳入登记管理范围的社会团体、民办非企业单位和基金会等社会组织。

社会团体是指中国公民自愿组成，为实现会员共同意愿，按照其章程开展活动的非营利性社会组织。

民办非企业单位是指企业事业单位、社会团体和其他社会力量以及公民个人利用非国有资产举办的，从事非营利性社会服务活动的社会组织。民办非企业单位的特征在于它的民间性、非营利性、社会性、独立性和实体性。民办非企业单位根据其依法承担民事责任的不同方式分为：民办非企业单位（法人）、民办非企业单位（合伙）和民办非企业单位（个体）三种。

基金会是指利用自然人、法人或者其他组织捐赠的财产，以从事公益事业为目的，按照法规规定成立的非营利性法人。基金会分为面向公众募捐的基金会和不得面向公众募捐的基金会。公募基金会按照募捐的地域范围，分为全国性公募基金会和地方性公募基金会。基金会一般为民间非营利性组织，其宗旨是通过无偿资助，促进社会的科学、文化教育事业和社会福利救助等公益性事业的发展。基金会的资金具有明确的目的和用途。中国著名的基金会有：中国老年基金会、中国残疾人福利基金会、中国福利基金会、宋庆龄基金会、中国青少年发展基金会、中国环保基金会等。

在我国城市环境治理过程中，民间组织主要起到以下作用：一是推动环境治理体制改革，加快政府环境治理职能转变；二是培育环境公民精神，化解环境矛盾，维护社会政治稳定；三是动员各类社会资源，积极提供环境公益服务。

（4）市民或公民

城市市民是城市环境建设的参与者，也是良好城市环境的受益者。市民（或居民）主要指居住在或者生活在城市的公民。市民是城市社会的主体，也是城市环境治理的主体。市民参与包括直接参与和间接参与两种。市民参与城市环境治理可以通过"城市人"、经济人、社会人、文化人等视角进行体现，主要是参与环境治理的规划、建设、管理、监督、立法、合作等工作。

（5）非政府组织

非政府组织（Non-Governmental Organization，NGO），也称为非营利组织、民间组织、非政府组织、社会中介组织（或"第三部门"）等，其含义是指在地方、国家或国际级别上组织起来的非营利性的、自愿公民组织。

非政府组织主要具有六个基本特征：一是正规性，有根据国家法律注册的合法身份；二是独立性，NGO既不是政府机构的一部分，也不是由政府官员主导的董事会领导；三是非营利性，NGO不是为其拥有者积累利润；四是自治性，NGO有不受外部控制的内部管理程序；五是自愿性，NGO无论是在实际开展活动中还是在管理组织的事务中均有显著程度的志愿性；六是公益性，NGO服务于某些公共目的和为公众奉献。与追求特属于本集团的、其利益具有强烈排他性的利益集团不同的是，非政府组织从事的是社会公益事业，提供的是公共物品，其涉及的领域也相当广泛，包括环境保护、社会救济、医疗卫生、教育、文化等领域。

就城市环境治理而言，非政府组织可分为两大类：环保类非政府组织与非环保类非政府组织。在我国的环境保护领域里，活跃着一大批形形色色的非政府组织。其中较为著名的包括：自然之友、北京地球村、绿色家园志愿者、中国小动物保护协会、中华环保基金会、北京环保基金会、中国野生动物保护协会、北京野生动物保护协会、中国绿化基金会、中国环保产业学会、北京环保产业协会、中国植物学会、中国自然资源学会、中国环境科学学会、大学生绿色营和绿色大学生论坛、清华大学绿色协会、北京大学绿色生命协会、北京林业大学山诺会、上海市青少年环境爱好者协会、污染受害者法律帮助中心，等等。

（二）城市环境治理主体的博弈与均衡

城市环境治理的行为与过程，实际上就是城市环境治理的各类主体相互之间利益的博弈与均衡的过程。城市环境治理的基本状态表现在：由不均衡到均衡，再由均衡到不均衡，回环往复。

1.城市环境治理主体的博弈

城市环境治理主体的博弈，是指在政府、企业、民间组织与公民等主体之间行为具有相互作用时，各主体根据所掌握的环境治理信息及对自身能力的认知，做出有利于自己的决策的一种行为。

城市环境治理主体的博主要包括五种情况：一是政府、企业、民间组织与城市公民（或市民）四者之间的博弈；二是政府与企业、民间组织、城市公民三者之间的博弈；三是企业与政府、民间组织、城市公民三者之间的博弈；四是民间组织与政府、企业、城市公民三者之间的博弈；五是城市公民与政府、企业、民间组织三者之间的博弈。

在实践中，环境污染博弈是一个典型例子。假如市场经济中存在着污染，但政府并没有管制的环境，企业为了追求利润的最大化，宁愿以牺牲环境为代价，也绝不会主动增加环保设备投资。按照"看不见的手"的原理，所有企业都会从利己的目的出发，采取不顾环境的策略，从而进入"纳什均衡"状态。如果一个企业从利他的目的出发，投资治理污染，而其他企业仍然不顾环境污染，那么这个企业的生产成本就会增加，价格就要提高，它的产品就没有竞争力，甚至企业还要破产。这是一个"看不见的手的有效的完全竞争机制"失败的例证。一般情况下，在政府加强污染管制时，企业往往会积极采取低污染的策略组合。在这种情况下，企业获得与高污染同样的利润，但环境将更好。

作为最重要、最关键的城市环境主体，政府与自身、企业、市民之间的利益博弈也是重点与关键内容：

（1）政府内部利益博弈

政府内部利益博弈产生于市场经济、产生于部门职能。部门利益是产生利益博弈的主要根源。政府内部利益包括：政府组织整体利益、政府部门利益、政府官员利益。纵向的主要是中央政府与地方政府利益、上级政府与下级政府利益；横向的主要是各级政府组成部门、职能部门之间利益。政府内部利益博弈分为两个方面：横向博弈表现为城市政府各个部门之间的利益竞争，主要是政府组成部门、职能部门之间；纵向博弈表现为城市政府与中央政府、省级政府，城市政府与区县政府、乡镇街道政府等之间的利益竞争。

（2）政府与企业利益博弈

政府与企业利益博弈产生于市场经济、产生于不同目标。前者以社会利益为最大目标，后者以经济效益为最大目标。目标差异性是产生利益博弈的根源。他们的利益冲突表现在：企业外部性产生的环境污染；企业环境税收机会主义；环境利润与就业多寡；经营权的管制与放松。在这些问题上政府与企业目标的差异性，往往引发博弈行为。

（3）政府与市民利益博弈

政府与市民利益博弈产生于不同利益目标。政府利益目标与市民个人利益目标的差异性是产生利益博弈的根源。这种利益冲突表现在：市民个人的近期环境目标与政府长期环境发展的冲突；市民个人的对环境质量的理性追求与政府有限能力的冲突。

2.城市环境治理主体的均衡

城市环境治理主体的均衡是城市环境治理过程中各个治理主体的博弈达到的一种稳定状态，没有一方愿意单独改变战略。在这种情况下，各参与者所选择的环境治理策略都是最优策略，因此任何人都不会有积极性改变战略，从而打破均衡。

城市环境治理主体之间的博弈行为带来了环境治理的"集体非理性"，从而产生了城市环境治理的矛盾与失调。要解决城市环境污染问题，协调各个主体之间的利益，关键是破解博弈均衡的"求解"。因此，在城市环境治理中，我们应当承认各方的主体地位，改变政府主体唯一性格局，突出政府的关键与中心职能，充分发挥企业、民间组织与市民的作用。

3.城市环境治理多元化主体的实现条件

城市环境治理多元化主体的实现需要具备一定的条件，既需要政治的、法律的条件，更需要经济的、技术的以及社会的、市民的参与支持，也离不开政府及其环境管理体制与制度的创新，我们一般采取以下措施：

（1）要加大政府环境治理体制创新力度，进一步转变政府环境方面的有关职能。

（2）要制定与经济、社会、文化、生态等相适应领域的环境治理目标。现代城市环境治理的指标，不能再简单地突出强调单一的指标，它应当与经济发展指标、社会发展指标、文化发展指标、城市建设指标、城市生态指标等相互协调、相互配合。

（3）要充分考虑社会各组织的意愿和利益，鼓励非政府组织参与城市环境治理政策的制定。在环境公共政策的制定中，城市政府应当充分考虑辖区内企业、团体和公众的意愿，调动社会力量的积极性参与城市环境治理与管理决策、参与环境公共服务的提供。同时，城市政府应该适当为政府减负，实现政府"有所为、有所不为"的愿望，使政府的职能集中于社会环境公益性领域，使政府和社会各界平等地出现在城市环境管理事务中，消除城市管理事务中城市政府"一方独大"的现象。

（4）逐步壮大各类非政府组织，发挥城市环境治理多元化主体的作用。城市环境治理中，非政府组织代表民意、民愿，是政府环境决策反映市民要求的渠道来源，是实现政府行政资源优化与行政高效的基础。应当鼓励并扶持该组织的发展和壮大，培养多元化的环境治理主体。

（5）公众自觉积极参与城市环境治理，离不开制度法律保障。公众参与城市环境治理既需要公民社会的成长，又需要国家提供制度保障，这是有序参与的前提条件。公众参与环境治理是构建新型环境治理模式的一种积极努力。它反映了以政府主导的单一行政机制在复杂的公共事务管理过程中出现了"失灵现象"。现有法律法规和规章主要是集中在提高公众的环境意识、加强环境信息的公开和促进公众参与环境监察等方面，而公众的参与没有切入环境管理过程，对公众参与的主体、形式、评估等方面缺乏规定，与公众对环境的知情权和监督权相比较对表达权关注不够。建立新型城市环境治理结构，这是提高环境执政能力的关键。需要通过司法保障、体制安排和政策调控手段，明确政府、企业、民间组织和公众等利益相关方的权利和义务，从而建立政府、企业、民间组织、公众协同保护环境的长效机制。

二、城市环境治理的评价方法与指标体系

（一）城市环境治理评价的含义、目标与原则

1.城市环境治理评价的含义

城市环境治理评价是指评价主体运用一定的科学的方法和手段，评价判断城市环境经济系统运行状况、各种环境治理政策措施的实现程度及其基本效果的一种行为活动。进一步看，城市环境治理评价就是评价机构为了实现城市环境治理的目标，依据城市生态经济理论、可持续发展理论和循环经济等相关理论，运用科学的方法和手段来评价城市环境经济系统运行状况、各种环境治理政策措施的实现程度和取得效果的一种行为活动。它的目的是指导城市经济可持续发展和为推动城市环境治理工作提供科学依据。

城市环境治理评价的主要包括三个方面的内容：一是对末端治理效果的评

价，即对环境质量状况进行评价；二是对经济系统影响环境的状况进行评价，即评价经济系统投入产出的效率；三是对社会支持环境治理的能力进行评价。

2.城市环境治理评价的目标

城市环境治理评价目标是对城市环境治理的评价，是实现城市环境治理目标的有效工具，通过评价可以达到以下具体目标：

（1）对城市环境系统现状评价

通过城市环境治理评价可反映城市环境系统运行状况，以及在运行过程中哪些方面的影响因素正处于良好状况有利于环境质量的改善，哪些方面的影响因素存在隐患将导致环境质量的恶化。对城市环境治理现状进行评价，可以判断和测度当前城市环境保护水平、有利条件和不利条件，为政府、公众和企业了解当前城市环境保护状况提供科学的判别依据。

（2）监测城市环境质量变化趋势

通过应用长期连续性的城市环境治理评价数据，可以全面反映城市社会，经济和资源环境等各方面状态的变化趋势，揭示哪些方面向有益于环境改善方向发展，哪些方面向不利于环境改善的方向变化，以及这些因素变化程度。寻找不利变化的因素根源，及时扭转不利变化趋势，使城市环境系统回到持续改善的良性轨道上。

（3）为优化城市环境治理决策提供依据

通过环境治理评价，全面反映城市社会、经济、资源环境等现状、变化趋势、变化程度，由此发现阻碍和影响环境治理目标实现的不利环节和因素，提高环境治理效率，采纳和推广有效的环境治理措施和方案，优化城市环境治理决策。

3.城市环境治理评价的基本原则

城市环境治理评价的基本原则主要有：

（1）当前利益和长远利益相结合的原则

当前利益是近期内就能获得或实现的利益，长远利益是将来较长时期内才能获得或显示出来的效益。对于环境治理的效益，我们除了进行当前的和近期的利益考察外，还必须进行长期的动态分析。在城市环境治理评价中要把当前利益和长远利益有机地结合起来，才能对治理的效果进行全面科学的评价。

（2）经济效益、环境效益和社会效益相结合的原则

城市经济发展应注重经济效益、环境效益和社会效益的统一，三者之间相互依赖、相互制约。要想实现三种效益的统一，我们不能牺牲社会、环境效益去换取暂时的、局部的经济效益。否则，长期下去必然会造成生态环境的破坏，不仅会丧失短期的、局部的经济效益，而且可能彻底摧毁人类生存和发展的资源环境基础。城市环境治理的利益同样表现在经济、社会、环境效益三个方面。在城市环境治理中，我们也要注重经济、环境和社会效益的统一。我们要用最小的物质和劳动投入来获得最大的产出，选择实施成本最小的环境政策措施或治理方案。进行环境治理评价时，必须高度重视经济效益、环境效益和社会效益的统一，通过科学论证，找出经济可行、环境友好、社会可承受的治理措施和方案。

（3）静态评价与动态评价相结合的原则

城市环境治理具有阶段性的特点，随着时间的变化，环境治理的内容和重点会发生变化。随着城市经济社会结构、功能及效益等方面的变化，相应的城市环境治理评价的内容及其指标也要随之发生变化进行系统的有效控制。但在一定时间内，城市环境治理的内容和重点又具有一定的稳定性，为了便于管理和比较，我们应保持评价内容和评价指标不发生重大变化。在城市环境治理评价时应注意静态评价和动态评价相结合，才能从纵横两方面综合反映城市环境治理的全貌。

（4）要遵循区域性评价原则

由于不同城市的自然条件、发展历史、文化背景和地理位置等方面的不同，城市间社会经济发展水平差别很大，造成各城市间发展的不平衡性。各城市在经济发展过程中所遇到的环境问题不一样，从而城市环境治理的目标，治理的重点和措施也不一样，评价的方法、指标体系以及指标权重也由于地区差异而不同。在城市环境治理评价时应遵循区域性原则，以便客观、准确地对城市环境治理状况进行评估。

（二）城市环境治理评价的定量评价方法

不同性质和不同级别的评价，我们需要采用不同的方法。这里重点介绍定量的几种评价方法。

1.环境费用效益分析法

环境费用效益分析法就是利用环境治理费用和所产生的环境治理效益进行比

较，来评价环境治理措施的效率或效果的一种评价工具。其中，环境治理费用是指环境保护设施、公共事业投资以及这些设施的运转费用；环境治理效益是指通过实施各种治理措施而减少环境破坏及污染引起的经济损失，由此提高资源利用效率与增加物质产生所带来的效益。当环境治理的社会总收益和总费用之差最大时，环境治理的净效益最大，达到社会最优的环境治理水平。环境治理的费用效益分析正是依据这一原理，对解决某一环境问题的各方案或政策的费用效益进行评估，然后通过比较，从中选出净效益最大的方案提供决策或确定某项政策是否应颁布和执行。环境治理费用效益分析的一般步骤是：明确分析对象；进行环境影响定量分析；计算各方案的费用和效益；进行各方案的效益和费用比较。

2.环境费用效果分析法

费用效果分析是指在明确环境治理或控制目标的前提下，分析达到这一目标的不同措施及其成本，从而为选择方案提供依据。该分析法的基本理念是以最低的成本去实现确定的环境目标，在达到同一目标条件下比较各种方案的成本或效果的大小。费用是指某项措施或方案所消耗的全部人力资源和社会资源（通常用货币来表示）。效果是指某种特定的环境指标，如水污染浓度的降低程度或大气污染的降低程度。

环境费用效果分析法的基本步骤如下：第一步，确定环境治理方案或措施的目的或目标，分析达成目标的不同途径或方案；第二步，建立环境治理目标实现程度的衡量指标；第三步，界定并货币化各种方案或措施达到特定效果的费用；第四步，选择最佳的方案或方案组合。

3.环境质量指数法

指数评价是一种最早、最常用的评价环境质量的方法。环境质量指数是一个有代表性的数据，可以表示单个环境要素或多环境要素综合的环境质量状况。该分析法的原理如下：我们进行环境治理的最直接效果是环境质量的改善，因此我们可以通过环境质量的优劣程度及其变化趋势来评价环境治理工作的成效。环境质量指数法有两种方法：一种是单因子环境质量指数法。单因子环境质量指数只能代表一种污染物的环境质量状况，不能反映环境质量状况的全貌，但是它是其他各种环境质量指数、环境质量分级和综合评价的基础。另一种是综合性环境质量指数法。如要评价诸多环境因子综合作用构成的环境质量状况时，就要计算综合环境质量指数。综合型环境质量指数通常可分为分均值型环境质量指数与加权型环境质量指数两种类型。当环境中存在多种污染物，但各污染物之间没有明显的抑制和激发作用，各种污染物基本上是独立发挥作用时，可以使用该模型进行环境质量评价。当环境中存在多种污染物，且各种污染物对环境质量的影响不同时，就要运用加权型环境质量指数来进行环境质量评价。

4.环境治理相对绩效评价法

相对绩效评价办法又称为数据包络分析法，是用于评价部门间的相对有效性的数学规划评价方法。数据包络分析是根据一组关于"输入——输出"的观察值来估计有效生产前沿面，将决策单元的数据与有效的生产前沿面进行比较，来判断决策单元对应的点是否位于有效生产前沿面上，同时又可获得许多有用的管理信息。各城市（决策单元）都希望消耗较少的人力、物力，取得较好的环境治理效益。在使用相对绩效评价办法评价城市环境治理步骤：第一步，将环境治理投资和环境治理投入劳动力作为输入指标，把环境治理改善作为输出指标，构造相应的DEA（Data Envelopment Analysis，数据包络分析）模型，评价城市环境治理保护的相对效率，对各城市在环境治理的有效性进行排序分析；第二步，对各城市进行DEA投影分析，找出非有效城市的非有效原因及其相应的改进方向。相对绩效评价法是以相对效率概念为基础发展起来的一种效率评价方法。基本步骤为：数据预处理；指标综合；DEA评价。

5.层次分析法

层次分析法是将决策问题的有关的元素分解成目标、准则、方案等层次，在此基础之上进行定性和定量分析的决策方法。运用层次分析法进行决策时，需要经历的步骤有：建立系统的递阶层次结构；构造两两比较判断矩阵；针对某一个标准，计算各备选元素的权重；计算当前一层元素关于总目标的排序权重；进行一致性检验。

6.主成分分析法

主成分分析是设法将原来众多具有一定相关性的指标，重新组合成一组新的互相无关的综合指标来代替原来的指标。通常数学上的处理就是将原来P个指标作线性组合，作为新的综合指标。

7.模糊综合评价法

模糊综合评价方法是应用模糊关系合成的原理，从多个因素对评价判事物隶属等级状况进行综合性评判的一种方法。基本步骤是：评判因素论域；评语等级论域；模糊关系矩阵；评判因素权向量；合成算子；评判结果向量。

（三）城市环境治理评价指标体系设计

1.城市环境治理评价指标体系的设计原则

城市环境治理评价指标体系是指一系列城市环境治理评价的若干方法及其多项指标所构成的有机体系。城市环境治理评价指标体系的设计原则，概括起来主要有以下几条：

（1）系统性原则

评价指标体系必须能够全面反映城市环境治理的综合状态和各个方面，不但要包括环境指标，还要有从经济运行状况和社会发展状况反映环境治理的指标，并能反映城市环境、经济、社会系统的相互制约和相互影响的关系，使指标体系通过现行的定性和定量评价方法，准确、充分、科学地反映各系统的变化趋势及其对城市环境治理的影响。

（2）科学性原则

我们所选的指标应有理论依据，是客观存在的而不是主观臆造的，指标的物理意义明确，测定方法标准，统计方法规范，能够反映城市环境治理的内涵和目标的实现程度。

（3）可比性原则

指标体系应符合空间上和时间上的可比性，尽量采用可比性强的相对量指标和具有共同性特征的可比指标，使确定的指标既有阶段性，又有纵向的连续性和可比性，保证评价指标具有一定的适用范围。

（4）可操作性原则

指标体系应该是简易性和复杂性的统一，要充分考虑数据及指标量化的难易程度，既要保证能反映城市环境治理的科学内涵，又要有益于推广。要尽可能利用现有的统计资料和有关规范标准。

（5）实用性原则

指标要简化，方法要简便。评价指标体系要繁简适中，计算评价方法简便易行，即评价指标体系不可设计得太烦琐，在能基本保证评价结果的客观性、全面性的条件下，指标体系尽可能简化，减少或去掉一些对评价结果影响甚微的指标。数据要易于获取。评价指标所需的数据易于采集，无论是定性评价指标还是定量评价指标，其信息来源渠道必须可靠，并且容易取得。否则，评价工作难以进行或代价太大。

2.城市环境治理评价指标体系的基本框架与选择方法

城市环境治理评价指标体系总体上分为三个象限，即资源环境系统状况、高效经济系统、社会治理能力建设。在各个象限中，分别包含不同的主题（二级指标），描述了各自的主要特征。其中，资源环境系统状况主要包括生态建设、环境质量、环境污染三个主题；高效经济系统包括经济规模、经济结构、产业技术水平、经济效益、经济外向度五个主题；社会治理能力建设：包括居民消费环境友好度、工业企业环境友好度、政府环境友好度、城市基础设施、信息获取能力、居民生活水平、科技教育水平等若干主题。

如前所说，城市环境质量评价的方法很多。究竟选择何种评价方法要根据具体情况确定，不能盲目照搬或生搬硬套。对城市环境治理，我们通常采取多指标综合评价方法。多指标综合评价方法主要有：综合评价赋权方法、效用函数评价法、多元统计评价法、模糊综合评价法、灰色系统评价法、层次分析加权法、相对差距和法、主成分分析法、全概率评分法、人工神经网络、简易公式评分法、蒙特卡罗模拟综合评价法、灰关联聚类法、因子分析法、功效函数法、综合指数法、密切值法。城市环境治理综合评价的基本步骤为：指标值的量化；指标值的无量纲化；指标权重的确定；综合评价指数的合成；城市环境治理效果的判断。

第七章　城市空气、污水及生活垃圾的治理

第一节　中国城市空气污染地方治理

一、中国城市空气污染地方治理模式的特征

中国城市空气污染经历了工业点源污染、城市污染综合防治及生态质量改善提升三个阶段，环境治理的政策工具从简单多数发展为复杂多样，环境政策工具的作用方式从政府直管开始向间接管制转变，企业和公众的身份也从被动参与向主动参与转变。但政府在城市空气污染治理中仍处于核心位置，治理政策工具的核心仍是命令控制手段，治理模式的本质依旧属于政府直控型的环境治理模式。

（一）本质上仍属于政府直控型的环境治理模式

政府直控型环境治理模式，是指政府部门采用行政、经济、法律和工程技术等措施和手段，对企业、社会团体和公民个人等开发和利用环境资源的活动及其相应后果进行干预的制度安排和行动的总称。这种模式与管理型社会治理模式相适应，强调政府部门在环境治理中的主体作用，各种环境政策和制度大部分是由政府部门直接操作，具有浓厚的行政色彩。

（二）政府直控型环境治理模式的特征

1.治理系统的有限开放

当涉及环境污染等公共事务的治理时，管理型治理模式所形成的政府工具理性，必然要求其制度安排与政策设计从属于权力本位和效率追求，导致权力配置

的封闭性。具体到城市空气污染治理领域，治理系统的封闭性与集中化，在政府内部表现为地方政府协作的缺乏与沟通的不畅，合作治理的动力不足。

2.治理手段以行政管制为主，"危机——应对"的特征显著

政府直控型的环境治理模式与管理型社会治理模式相适应，其典型特征是确定性思维与简单化逻辑。具体到环境领域，政府直控型的环境治理模式必然追求治理的确定性、单一性与简单性，把环境事务中公共利益的发现和环境污染的治理视为一种技术性的过程。治理模式倾向于采取简单化、以命令与控制为主的行政行为，并以此来实现治理目标。

此外，从治理实践来看，政府治理污染通常是为了应对各类危机或者是为确保重点活动的成功举办，是外在需求推动的结果。危机应对的特点决定这种治理往往是被动的末端治理和事故的事后处置，治理政策与行为具有极强的行政色彩。政府在环境治理工作中，主要是行政控制手段。即使采用经济手段，也是政府直接操作的管理方式，必须由政府投入相当的力量才能运行，在这个意义上说，经济手段其实是行政手段的一部分，是一种用收费、罚款等经济价值来调控的行政管理手段。

3.治理机制是中央集权式的，运动式环境治理是主要的实现方式

在政府直控型环境治理模式下，中央政府作为社会生态环境利益的代表，运用强制性的手段行使国家环境管理权。地方政府接受并执行中央政府的指令，对中央政府负责。大部分环境政策制度是自上而下通过政府体制实施。环境政策法规无论是制定还是执行都深深打上了政府的烙印。

"运动式环境治理"是实现中央集权环境治理的主要方式。运动式环境治理主要具有以下特征：一是治理行动具有短期性和临时性特征。治理行动源于突发性环境事件或环境问题的堆积，行动的开展多来自上级政府或地方行政首长与部门负责人的部署。二是运动式环境治理效果的反复性。运动式治理追求的是一种基于工具主义的治理，运动过后往往因为疏于治理而导致环境问题依然存在甚至反弹。三是运动式环境治理具有强烈的人治色彩，地方政府往往以"集中管理""专项治理""突击执法""特别行动"等方式回应公众环境诉求，公众利益缺乏有效的表达途径。

4.治理过程突出自下而上的实践创新与自上而下的政策认可相结合

以城市空气污染治理为例，来描述在中国进行制度变迁的过程。首先，基层

地方政府在政策允许的范围内，在本辖区开展污染治理的制度创新和实践，取得成功后迅速将成功经验扩散至同级别的其他区域；其次，推广的经验在同级别地区均取得成功后，由高一级地方政府在更大的行政区域内进行经验的推广，这样由基层政府完成的制度创新借助于科层制的官僚体制从区县进入到市级再到达省级，并可传递至其他省份；最后，在制度创新的试点取得明显效果后，成功的治理经验会由地方传至中央并被予以肯定，在此基础上中央政府出台全国性的政策意见，向全国推广地方实践的成功经验，并在成熟的时候将其上升到法律制度的层面予以确认和推广。

二、城市空气污染协同治理模式的实现路径

（一）建构基于生态行政基础上的多样性的文化系统

治理系统存在的文化单一性是形成治理困境的关键因素。无论是政府、企业还是个人都持有人类中心主义的生态观，发展与增长成为社会主导的思维理念，城市成为统一化的钢筋水泥构筑的现代工厂，农村则沦为城市的附庸，传统社区逐渐消亡，人类生存与发展的文化秩序被严重扭曲。同时，治理系统处于封闭的状态，市场与社会被排除在治理系统之外，政府成为主导治理方向与内容的核心主体，并且这种认识在较长时间内获得了社会的认可。文化系统的单一性成为导致环境问题久治不愈的文化因素。耶克认为，人的行为选择既具有遵循某种行为规则的特征，又受制于他所持有的文化观念影响。制度能够稳定地存在下来，关键在于合法性机制通过社会普遍接受的文化观念把它建筑在自然的基础上。从这个角度来看，从文化的变革入手进行制度创新，可以为规则体系的变革提供思想基础和方向引导。为此，要进行治理模式的制度创新，首先就要破除文化系统的单一性，构建基于生态行政基础上的多样化的文化系统。

1.生态行政的理论解读

生态行政的提出是基于对生态主义与生态政治理论的研究发展而来，生态主义对自然社会的道德关怀，为生态行政明确了价值取向；生态政治对草根民主的挖掘与对平行权力体系的关注，为生态行政在环境领域的运用构建了合作型的实践框架。

生态主义本质上是一种后现代性的学术思潮，它反对人类中心主义的生态

观，赞同物质有限增长的理性认知，认为人类社会以外的自然同样需要人类社会的关怀与尊重，二者是共荣共生、互为依存的协作关系，为此生态主义要求行政系统能够超越工具理性，将自然界的利益与福祉纳入到政策制定与执行的考虑中来。此外，生态主义还认为生态危机表面看来是资本与自然之间的致命冲突，本质上则是一部分人对另一部分人的剥夺所形成的人类社会关系的恶化，主张通过生产生活方式和经济体系的彻底转变实现具有革命性的环境改善。这一点与环境主义所推崇的基于技术手段的环境改良具有根本性的差异，因而，生态主义为行政学理论的发展提供了一种崭新的视野。

生态政治理论是关于人类社会如何与自然环境维持适当关系的研究，包括两个方面的内容：一是研究人类与自然环境及其他生命体共存的问题；二是研究人类社会在生态环境中的相互关系。生态政治理论倡导公民参与和民主社会发展在环境治理中的积极作用，形成以民主发展、基层参与、绿党活动、女性生态主义为主的逻辑主线，为生态行政研究融入多元主体的观念提供了必要的理论基础和现实的实践导向。

总之，生态行政是为化解环境生态危机，促进人与自然的和谐共存，确保人类的生态安全，由政府所实施的遵循自然生态平衡规律的具体行为。

2.构建生态行政基础上的多样化的协同治理文化系统

（1）树立社会主义生态文明观价值观

本质上，生态主义是一种道德学说，属于价值观的范畴，在理性有限的背景下，通过价值观的重建来影响环境治理已经不再是一种可笑的尝试，而是必需的选择。生态主义反对沙文主义式的人类中心主义，强调包括人类在内的所有生命形式都具有内在价值，都值得关怀与尊重，如果人类自身行为造成对自然界的损害，就有责任通过改变行为方式来消除损害，这就是人类作为自然界构成元素的应尽义务，也是为了应对自身生存危机的理性选择。为此，我国要在全社会范围内树立生态文明的价值观，强调社会与环境的和谐发展，引导社会成员正确认识科技发展的两面性，破除"经济发展主导一切"的狭隘增长观念。鉴于中国社会所处的现实情境，政府行为的生态化无疑会推动整个社会生态文明建设。

第一，行政系统的政策制定与行为逻辑要以科学发展观为指导，遵循生态法则与社会发展规律，统筹考虑经济发展与环境保护的关系，以谋求人类社会与自然环境和谐、持续地发展作为政府行为的根本要义。

第二，在政府建立生态行政的价值观之后，会通过思维意识的渗透与政策手段的引导，规范治理主体的行为选择，推动生态文明价值观在社会的全面建立。在企业层面，政府倡导绿色生产与适度增长的观念，强化企业的社会责任，通过财政与税收政策的引导鼓励企业自觉治污；在社会层面，政府提倡勤俭节约、适度消费的生活方式，培育公民作为环境治理主人翁的意识，号召市民通过自身生活方式的改变来促进城市环境的改善。可见，作为社会治理的主体，政府的生态价值观会为社会做出表率，影响私人组织、公民个人的行为选择，并作为一种道德约束与非制度文化的形式影响其他主体生态价值观的构建，使生态文明内化为全体社会成员认同的生态价值观，彻底改变社会的生产生活方式，实现真正意义上环境的持续改善。

（2）将多元协同理念作为基本价值信条融入协同治理的实践

近些年来，虽然地方政府通过各种途径和手段控制城市环境危机的扩散，但治理效果均不理想，或者短期内取得效果但难以持续。究其原因，在于没有充分考虑社会需求，制定环境政策的过程缺乏有效的底层叙事，政策的针对性和社会支持不足，治理成为政府的自组织行为，巨大的行政投入与高调的政策动员没有引起社会的积极响应，政府行政部门孤军奋战，治理工作因缺乏有效的民众支持而举步维艰。

生态行政的理论源于生态政治，后者强调公民参与民主社会发展在环境治理中的积极作用，形成了以民主发展、基层参与、绿党活动、女性生态主义为主的逻辑主线，为生态行政研究融入多元主体的协同参与提供了必要的理论基础和现实的行为导向。基于此，生态行政必然强调多元协同的理论，将具有相似生态利益的社会力量进行组合，通过基层的力量将环境风险控制在萌芽阶段，以此克服治理系统封闭与集中的顽疾，实现治理主体的多元化与行政行为的优化升级，最大限度地利用有限的治理资源，实现有效的环境协同治理。

（3）挖掘优秀的地方性知识

中国文化的源远流长孕育了诸多优秀的地方性知识，推动着地方社会的持续发展，缓解了社会矛盾的不断激化。生态行政理念下的协同治理强调对地方社会的培育，引导社会从"国家的社会"转变为"社会的社会"，为地方性知识的挖掘和发展提供必要的社会主体和话语空间，而地方性知识可以有效地抵御现代工业文明体系所赋予的消费文化的侵蚀，为城市发展提供源源不断的多元化与多样性的文化支持，营造城市的生态文明，实现城市的可持续发展。

（4）培养公民的环境意识与环境公德

时至今日，在社会发展还处于较低水平，治理的制度条件还不充分具备的情况下，被理性认知所抛弃的道德约束在当下的环境治理中发挥作用不仅是现实的，也是必需的。

第一，社会公众应当摒弃"事不关己"的粗浅意识，积极培育环境公德，树立环保意识，建立公共精神，视履行环境义务为享有环境权利的前提。

第二，充分发掘公民个体蕴含的环境精神。鼓励公民主动参与环境治理，监督企业和政府的行为，防止行政权力的滥用以及政府与企业的利益勾连，使公民参与成为环境治理的一项常态化的工具与手段。

第三，改变公民个人的生活方式与消费理念，消除自身行为对环境产生负面影响。倡导低碳的生活方式，将环境保护行为纳入到社会个体的行为规范之中，如自觉进行垃圾分类、回收废旧电池、选购绿色产品、乘坐公共交通工具，将人类生活对环境的负面影响限定在一个可控的范围之内。

综上所述，生态行政的理念有助于政府行为的生态化与社会范围内生态文明价值观的建构，对多元协同治理文化的追求有利于权力系统封闭性的破除、地方社会的发展以及多元治理主体共治的展开。总之，基于生态行政所构筑的生态文明价值观为环境协同治理做好了必要的思想准备，为实现开放的治理系统、网络化的治理结构以及多元化的治理策略奠定了文化基础。

（二）提升城市空气污染协同治理系统的开放性

系统的开放包括政府组织内部的开放和政府系统向公民社会的开放，它可以消除环境治理领域中"权力+资本"的病灶，为社区价值的挖掘与应用提供宽松的空间，为推动多元主体参与、民间组织发展以及公民精神培育创造条件。

1.分权与地方的制度改进

空气污染治理带有很强的区域性特征，需要地方政府根据当地实际情况制定针对性的治理措施，其中基础性的条件就是要实现中央与地方权力的适当划分以及职责的明确界定。中央与地方权力的划分一直存在于中国社会发展的历史与现实中，两者的互动从未停止过，"分久必合、合久必分"就是生动的写照。人事权与财权归属中央加大了地方对中央的依赖，财权与事权的不对等降低了地方制度创新的能力与愿望。而城市空气污染治理离不开地方实践，那么分权与地方的制度改进就具有极端重要的作用。

2.权力公共性的确立

权力公共性的确立就是通过适度培育社会力量，形成各种权力的相互依赖与彼此制衡，其根本目的是要约束和控制行政权力的滥用，避免政府权力对社会过度干涉而造成公权对私权的侵占和政府利益对私人社会利益的排斥。简言之，权力公共性的确立就是通过权力系统的开放性、社会治理的自主性与多样性来实现有限政府的追求。能否成功取决于两方面的因素：一方面，政府对放权的态度，即是否愿意还权于民；另一方面，公民社会是否具备承接权力转移的能力，即市民社会的发达程度。其中关键的问题便是政府公共精神的培育，它决定了政府还权于民的态度，同时也关乎市民社会的发展程度。

3.政府职能部门的整合与开放

在环境治理领域，长期以来采用"九龙治水"的模式，即环保工作分割给不同部门完成，各部门均具有一定的环境管理权，并形成垂直的中央授权体系。以城市空气污染治理为例，会涉及环保、工信、公安、城管、街道、环卫、交通、财政、税务等多个部门的工作范围，在分散治理的体制下，部门之间的管理职能模糊，遇到一些综合性问题时会因为职责不清而相互推诿。同时，各个部门又是自上而下垂直领导，因此争利益、抢功劳的行为时常发生。可见，传统的分散式环境治理模式无法有效控制污染的蔓延，需要相应的制度创新打破部门间的隔阂，形成利益共享、责任共担的整合型政府。

（三）确定城市空气污染协同治理模式的运行机制

城市空气污染治理作为一种社会活动，其运行机制的含义可以界定为影响治理绩效的因素的结构特征、功能界定及其相互联系和这些因素发挥功能的方式与过程，也就是污染治理的"带规律性的模式"。按照运行机制的功能不同，城市空气污染治理的运行机制可以划分为动力机制、整合机制、激励机制、控制机制和保障机制。运行机制的建立需要体制与制度的支持，只有通过一定的体制建设和制度变革，运行机制的作用才能显现。

1.城市空气污染协同治理动力机制的构建

本质上，制度是一种行为规则，是引导人们行动的手段，其为社会交往提供一种确定的结构。处于制度控制下的制度人，其行为取向主要取决于制度的影响，而理性的经济个体之所以会沿着制度划定的路径前行，源于制度与其利益一致所产生的激励与引导，因而运行机制的建立必须确保对治理主体是一种动力支持。

城市空气污染的地方治理除需要中央政府的政策推动，也需要地方各类主体的协同配合，其中关键的因素就是合作受益的驱动。在利益多元化的当下，否认利益驱动对社会主体行为的影响无异于掩耳盗铃。地方政府、企业、公民与民间组织是城市空气污染地方治理的三大主体，拥有各不相同的利益需求，在目前的制度框架内无法实现有效共融，在根本上制约了协同治理的开展。唯有合作收益的驱动，才能使各方协商合作，共同应对环境危机。因此，我们应该采取以下措施构建动力机制：

（1）加大对企业的制度激励，促使其从污染主体转向治理主体

追求利益最大化是企业发展的内在要求，为此要引导企业主动治污就必须重视利益导向的作用。近年来，我国主要采取以下措施：一是加大对企业技术改造、异地建厂、使用环保设备等利于排污行为的财政资金支持；二是实行有差别的税收政策与信贷政策，对企业主动使用环保设备、积极研发和使用污染治理技术实行税收的减免，发放低息贷款以支持企业的治理行为；三是出台了一系列的相关政策法规，建立环境投资体制，通过政府鼓励开展环境领域的BOT（Build – Operate – Transfer，建设——运营——转让）模式吸引全社会、多层次的资金进入环保领域，弥补企业治理资金的不足；四是加大对污染企业的惩罚力度，必要时对相关责任人予以刑事处罚，尤其是对政府与企业的利益勾连予以重点打击，不断加大企业排污的机会成本。我国正在积极将环境治理引入竞争机制，在信贷、项目审批等方面对环保企业予以照顾和倾斜，保护治污企业的合法权益。

（2）建立健全环境公诉制度，全面落实公民的环境权益

环境公诉制度是公民有权将违反环保义务的企业和疏于环境监管的政府组织告上法庭，请求法院予以裁决的诉讼制度。我国的环境保护法规与民事诉讼制度均明文规定公民和民间组织享有环境公诉的权利，但实际情况是民间启动环境公诉举步维艰，环境公诉制度的落实因缺乏有效的制度保障而困难重重。为此，我国主要是从以下两方面进行改进的：一方面积极开展制度创新，对目前的环境公诉制度进行细化完善。我国对诉讼程序、举证责任和赔偿标准等具体问题制定

明确的实施细则，完善程序法的建设，使环境公诉制度的落实具有可靠的法律保障。另一方面，切实降低公民参与环境治理的成本。我国主要是通过网络、报纸、电台等多种形式及时向社会发布有关的环境信息，降低公众获取信息的难度与障碍，保障信息传播的范围覆盖相关的利益主体，同时对社会个体举报、反映环境污染问题予以保护并给予适当的物质奖励，以弥补其参与成本，增加其参与收益，引导公民主动参与环境污染的治理。

综上所述，只有构建城市空气污染地方治理的动力机制，通过激励性的制度设计与实施，重建主体间的利益分配机制，才能有效调动地方主体参与治理的积极性，避免环境治理中各类合作困境和机会主义的出现，进而通过多元主体的协同互动，使城市空气污染治理的绩效呈现螺旋式上升状态，并具有适度的稳定性和持续性。

2.城市空气污染协同治理整合与联动机制的构建

（1）构建地方治理主体之间的信任机制

信任是社会治理中最为关键的综合力量，它可以降低系统的复杂性，减少社会治理中的交易成本，限制协同中的机会主义行为，减少集体行动的困境。推动治理主体的积极合作，使协同出现多方受益的正向博弈。信任机制的建立需要依赖社会资本的培育，一个社会积攒的社会资本越深厚，社会事务的治理目标越容易实现。

一般而言，社会资本的培育与市民社会的发展水平密切相关，社会的民主化程度越高，社会群体沟通与协作的机会与途径就越多，它们之间的信任度就越高。政府将基层民主建设作为市民社会发展的螺旋起点，自下而上逐层推动。政府在推动市民社会的发展中负有不可推卸的责任，其向社会放权的程度以及放权的方式是考量其追求善治的标准，也是影响协同治理绩效的主要因素。此外，构建社会信任机制有赖于在政府与社会之间形成有效的连带制衡机制，在两者之间建立一套相互交错、互相连带的、以责任和利益为内容的制度性连带机制。

（2）建立协调与沟通机制

协同治理强调多元主体的有机整合，运行的基本方式是协调与沟通。协调与沟通机制有利于治理主体充分的交流和分歧的化解，能促进系统内部信任与互惠机制的建立，能推动合作目标与共同利益的确立，还能实现资源、信息及知识在多元主体间的共享，降低参与治理的成本，减少信息不对称造成的决策失误，具体采取以下措施建立协调与沟通机制：

第一，建立协同治理的利益协调机制。利益协调机制本质上是一种生态补偿机制，实质上是通过横向或纵向的财政转移支付，将城市空气污染治理的成本在利益相关者之间进行合理的再分配，在遵循收益与支出配比的原则下，实现各方利益的均衡。一方面，政府可以通过开征环境税、设立城市环境治理的专项基金、开展财政转移支付的方式直接补偿空气治理中的损失方；另一方面可考虑在企业推行空气污染事故风险基金制度，以应对污染事故的赔偿，在企业无力赔偿时，可由所辖政府代为赔偿，通过两者的利益捆绑，强化政府监督企业治污的行为导向。

第二，构建多元主体的协商沟通机制。可促进空气治理信息在政府、企业、民间组织及公民之间充分共享，推动主体间的交流与沟通，促进决策的形成与问题的解决，保障各方主体的合法权益。目前由各级环保部门创建的空气质量实时发布机制、重点污染源监测信息披露机制都具有一定的沟通交流功能，但问题在于它们都为单向的信息发布，缺乏与社会主体的沟通与互动，还不能满足协同治理的需求。为此，今后要依托已有平台，扩展信息沟通的渠道，改变单向性运行的方式，为充分的信息沟通与利益协调创造条件。

第三，健全政策协调机制。政策协调机制在协同治理中发挥基础性作用。环境问题值得关注，经济发展也同样重要，缺乏必要的经济支持，环境治理的开展就会失去必要的物质基础，况且社会发展也不可能退回到经济落后而环境优美的时代。为此，要建立健全协同治理的政策协调机制，平衡污染治理与社会发展的关系。具体而言，我们可以空气污染治理为契机，以产业调整为手段，以城市发展规划为依托，对城市布局和经济结构进行重新设定和调整，实现经济社会与环境治理的协调发展。

3.城市空气污染协同治理保障机制的建立

（1）构建闭合式的监督体系

目前对于政府权力的监督主要分为两大类：一类是包括政府内部监察和外部纪委监察的体制内监督，另一类是体制外的法律规范的监督。体制内监督的弊端是滞后性、隐蔽性和脆弱性，法律监督因为法治社会的不发达，极有可能被行政权力所控制，徒具法律之名，而无法治之实。并且，行政监察与法律监督的实施主体在广义上都属于一个范畴，尤其是在中国，行政力量主导国家治理，体制内监督体系的独立性难以保证，无法形成具有闭合性质的权力监督体系，不能对行政权力的扩张与政府行为的滥用实施有效的制约，监督结论很难获得社会认同。

近年来，我国逐渐打开监督系统的边界，将社会主体引入其中，通过政府之外主体的参与在事实上约束权力运行的自利性取向，形成闭合的监督系统。其中的关键在于参与性社会是否能够真正实现，只有当公民参与公共行政的权利被法律认可和保护，公民在公共事务的治理中能充分表达利益诉求，能真实反映对政府行为的意见，社会权力制约行政权力的局面才能形成，监督体系才能真正发挥作用。闭合监督体系的意义就在于各种权力在社会系统中受到某种方式的制约，而保持了必要的制衡与适度的张力，这不仅为协同治理的开展扫清权力干涉的障碍，也为社会与政府之间信任与合作机制的建立提供了可能。

（2）完善环境治理的法规建设

目前中国社会的法治水平依然较低，从宏观层面来看，立法纠正与违法治理并存，社会普遍缺乏对法治的正确认识而导致法律保障功能的异化，权法矛盾更是引发了行政干预对法律实践的左右与限制。具体到微观层面，实体法与程序法不分，程序法治建设相对滞后。这不仅阻碍了法律法规的效能发挥，也为利用法律空当谋求个人私利提供了机会。鉴于此，针对环境领域的法律建设提出以下建议。

第一，积极推进依法治国的总体方针，树立正确的法制观念。在环境治理领域存在立法纠正与违法治理并存的矛盾，其原因在于社会普遍缺乏对于立法与法治关系的清晰认识，把立法等同于法治，把法律条款数量的增加视为法治建设的成果。实际上，立法只是增加法律条款的一个动态过程，而法治则需要在社会中建立一种尊重法律依法办事的观念，在此基础上使用法律来治理社会。唯有树立正确的法治观念，才能使法律的保障功能发挥到极致：一是通过多种形式的宣传，在社会范围内树立正确的法治观念；二是明确环保部门的功能与地位，配置与其功能相一致的资源与权利，保证其立法、执法的权威性与独立性；三是在立法与执法过程中强调法治精神，尊重法律依法办事。

第二，加大环境公民诉讼制度的落实。新环保法已将公民参与列为一项基本原则，民事诉讼法中也有关于环境公诉的相关规定，但执行却具有相当的难度，具体体现在以下几个方面：一是多数法院对环境公诉保持高度的敏感，一旦碰到会以"原告不具备诉讼主体资格"等理由将其推出法庭，公民的环境权益得不到有效保障；二是民事诉讼实行原告举证的制度，公民举证艰难。企业的污染信息都是高度保密的，普通公民很难获取；三是空气污染的损害赔偿、责任人的确定都具有极强的技术要求，公民个人很难完成。由于上述原因限制了环境公诉制度实施的可行性与有效性。

鉴于此，我们必须强化制度建设，确保环境公民诉讼制度的落地与实施，具体可以采取以下措施：一是尽快出台公民参与环境治理的实施细则，明确参与主体、方式、程序等具体内容，全面落实环保法中关于公民参与的精神；二是实行举证责任的倒置，由污染企业或违规政府提出证据证明自身行为的合法性，如果没有证据证明无罪责则推定为有罪，降低公民收集证据的难度；三是吸收相关诉讼的成功经验，放手民间环保维权，降低公益诉讼、公民索赔的门槛，构建针对空气污染的新型赔偿模式。

第三，构建城市空气污染协同治理的制度框架。依靠协同治理解决环境问题在中国已形成了一定的共识，并多次出现在媒体报道、政府文件甚至法律法规之中。但如何开展协同治理、如何确保社会主体的有效参与、如何保障治理系统的全面开放及合理界定治理主体的基本职能都缺乏明确的制度规定。协同治理的开展需要明确的制度保障，具体可以采取以下措施：一是在理念层面，超越传统治理中环境法令与策略的产生基础。传统环境治理的法令与行动策略都指向对污染者的监督、对行政权力不作为的批评，公私权力关系是单向配置。协同治理则邀请利益相关者参与法令的修正、讨论规则的制定和策略的选择，强调各方在行使权力的同时承担相应的义务，以此增强公司之间的相互依赖与权力制衡，建立共同但有区别的责任分配制度。二是在实践层面，通过制度设计将社会参与有机地融入治理结构，确保多元共治的实践基础。在决策中，要求成立诸如咨询委员会一类的机构，吸收社会主体参与决策，利益相关者和决策者之间可以共享信息与知识，充分沟通与协商，共同制定决策方案；在执行中，成立由政府、民间组织、公民多方参与的执行小组，平衡各方利益，化解执行纠纷。三是处理好一统性法令与具体性规范的关系。一统性环境法令更多地侧重于对整体治理目标、治理方法、治理形式的明确，属于典型的顶层制度设计。具体性规范是针对地方特征因地制宜的制度产物。一统性法令确定了法律规范的基本原则与基调，具体规范是对一统性法律的具体化，二者缺一不可，需要平衡地发展，由此既能保证法律的严肃性，也能确保实施的针对性。

第二节　中国城市污水治理模式

一、中国城市污水治理的行业特点

由于污水处理行业属于自然垄断性行业，政府控制着污水处理市场，因此城市污水治理一般都是由政府规划建设运营。目前，我国的城市污水治理具有以下行业特点：

（一）投资规模大，投资回收期长

众所周知，城市污水处理行业不仅是个技术密集型的行业，而且是个资金密集型的行业。由此可见城市污水处理行业是一个规模大的行业，要取得这些投入资金需要的时间更长，资金的风险大。城市污水处理的建设不单是城市污水处理厂的建设，还需要网管的铺设，污水处理厂建成后的运用资金和运营资金，这些都形成污水处理的资金链。如果配套设施不健全或是经营资金不到位，都会造成污水处理厂的投资项目失败。我国的污水处理市场的市场资金缺口很大，如何有效地利用资金建设运营污水处理这一城市基础设施需要国家社会的共同努力。

（二）区域性特点

我国有黄河、长江、淮河、珠江、黑龙江、辽河、环太湖流域等水系，人类的文明起源于这些水系。人类在地球上的活动是要受地理条件的制约的，所以在经济活动中总是选择邻近地区的合作，我国重要的经济区域都是享有共同的河流，如珠江三角洲区域、长江三角洲区域、黄河三角洲区域。治理城市污水要采取区域合作，能够更有效地保护环境。沿太湖包括无锡、苏州、嘉兴、湖州和常州五市发表治理太湖的《无锡宣言》和合作意向书，通过搭建环太湖五市治理太湖信息交流平台，在流域内治太工作规划、方案、政策、重大举措、重大治理项目以及需要各市衔接等方面展开专题合作。由此也开创了大湖地区各方自觉联合治污的先例。

二、中国城市污水治理模式

城市污水治理模式包括运营和管理模式，我国各个地方政府在处理本城市污水时采用的模式各不相同，以污水处理厂融资来研究我国城市污水治理的模式，总结下来有：

（一）全额拨款的事业单位管理模式

全额拨款的事业单位管理模式的要点如下：

（1）实施主体是政府委托的全额拨款事业单位。

（2）资金来源于政府财政的转移支付，主要有两项：一是对以营利为目的的排污单位收取一次性并网费；二是列入自来水水价中的污水处理费。具体收费标准由政府通过一定的程序制定。

（3）虽然建设风险不大，但政府需承受巨大的财政压力。

（二）BOT 模式

目前，我国大多数新建的污水处理厂都引入了市场机制，由社会企业投资或运营，而社会企业一般按照特许经营的服务合同进行经营。BOT（Build－Operate－Transfer）即建设——经营——转让，此概念是由土耳其总理厄扎尔1984年正式提出的。在我国也有不少成功运用的例子。BOT模式是指政府授予私营企业一定期限的特许经营权，许可其融资建设和经营某公用基础设施，在规定的特许期限内，私人企业可以向基础设施使用者收取费用，由此来获取投资回报。待特许期满，私人企业将该设施无偿或有偿转交给政府，被称为暂时私有化过程。在我国现在的城市污水治理中，绝大多数都是将BOT模式用在城市污水治理上，即具有一定实力的私人投资者和各种机构，通过与某一个城市的政府签订一项协议，从政府那里得到建设污水处理厂的特许权，承诺在特许期内，该投资者对城市污水处理厂进行组建，包括建设污水处理厂的融资、设计、建设、运营，在特许期内允许其向用户收取污水处理费用于回收成本和获得利润，在特许期到期时，该污水处理项目无条件转交给政府，但是政府还是要承担最终的环境责任。

以BOT模式投资我国城市污水处理设施等环保产业，可以有效地缓解我国政府财政的压力，并使众多业已规划，但由于财政等原因暂时搁置的项目迅速地投入建设和运营，改善人民的生活环境，提高政府在人民中的公信力，通过BOT模式投资城市污水处理设施等环保产业，也为国内外私有资本（跨国财团等）提供了一个具有长期、稳定回报的投资模式。BOT模式投资我国城市污水处理设施，作为一个"双赢"的融资和投资战略，正为政府和投资界的有识之士所关注。

（三）TOT模式

TOT（Transfer-Operate-Transfer，移交——经营——移交）。作为目前国际上较为流行的一种项目融资方式，TOT模式通常是指政府部门或国有企业将建设好的项目的一定期限的产权或经营权，有偿转让给投资人，由其进行运营管理；投资人在约定的期限内通过经营收回全部投资并得到合理的回报，双方合约期满之后，投资人再将该项目交还政府部门或原企业。TOT模式的运用一般是为了BOT模式的顺利进行，通常情况下，政府会将TOT和BOT两个项目打包，一起运作。

TOT模式用在城市污水治理上是指政府部门将建设好的城市污水项目的一定期限的产权或经营权，有偿转让给投资人，由其进行运营管理；投资人在约定的期限内通过经营收回全部投资并得到合理的回报，双方合约期满之后，投资人再将污水处理项目交还政府部门的一种方式。该模式风险低还能避免产权、股权之争，有利于盘活国有资产，缺点：可能在评估时造成国有资产的流失，我国的法律涉及TOT的不多等。

（四）中国城市污水治理模式的重新选择

在经济活动过程中，对污水进行处理对于追求自身利益最大化的企业来说是外部不经济的，科斯定理认为政府不必要对企业处理污水进行财政补贴，而可以采取其他方式进行补偿。因此，属于准公共物品的城市污水行业，如果政府联合排污企业共同治理城市污水，把德国莱茵河模式用在治理我国城市污水上，既能弥补政府财政支出不足，又能改变企业治污外部不经济的行为。

三、污水治理各类主体的角色定位与职责

在城市污水治理中，政府、公众、企业三方的责任都是不容小觑的，需要各

方各司其职，紧密合作。要杜绝"公共物品的过度滥用"和"搭便车"行为，就需要对污水治理的各个主体认真定位和明确责任。

（一）政府

政府在污水治理中一直是监督者和执法者的角色，制度执行力和强制力的程度如何直接关系着治理效果的好坏。在这里，我们不妨借鉴新加坡对于排污企业的治理：对于自行处理污水的企业，其处理的标准不得低于国家污水处理后的排放标准；没有能力处理污水的企业要把污水排放到污水处理厂。而发现违规的企业，第一次罚款10万元，第二次是第一次的两倍，以此类推，面对巨大的处罚力度，相信没有哪家企业敢于偷排污水。政府应该按照法律法规的规定，严格执法，创造出一个良好的市场环境。

（二）企业

在城市水环境污染中，企业才是污染的源头，只有控制好处于污染源头的企业才能治理好城市的污水。现在，没有能力处理污水的企业要在政府的规定下把本厂的污水按规定排放到污水处理厂，这样企业就可以不必花费巨大资金自行建立污水处理系统，同时又可以处理好本厂在生产过程中产生的污水。

（三）污水处理厂

污水处理厂应该严格按照建厂之初的合同规定，认真执行国家环境标准和污水处理厂污水处理标准，接受国家环保局的检查和董事会的约束。如若污水处理厂没有按照国家的规定处理污水，将会受到国家的惩罚和董事会的人事罢免。

（四）公众

为了促进城市环境治理，作为城市生活主体的公众就要纳入到环保的行列中。加大环境保护的宣传力度，提高公众的环保意识，提高社会环保组织的引导性作用，使公众认识到我国现在的水资源和水污染状况，加强公众的社会责任感，建立起资源节约型环境友好型社会。

因此，我们可以建立起一个由公众组成的独立督察机构，该机构主要具有两方面的作用：一方面可以监督地方政府的环保部门和违规企业，促进环保部门的规范执法；另一方面可以弥补上级环保部门执法后的漏洞，能够及时、准确有效地反映出问题。政府处理的环境事件，再由督察机构进行评价，建立起政府执法的监管制度，提高督察机构的公正度和声誉，让公众信赖机构的公正性。重要的是这个独立机构应该保持一个中立的态度，否则无论建立起多少的机构也是没有用的。

四、中国城市污水治理的模式设计

中国政府背负着城市公共设施建设的重要任务，城市污水治理作为公共设施的一部分，治理效果好坏关系到政府的声誉。从上面的介绍可知，我国城市污水治理存在许多问题：一是我国城市污水处理厂运营不足，而每年污水排放量不断增加；二是企业违规排污现象严重；我国城市污水处理厂建设资金缺乏。因此，对我国城市污水治理模式进行研究对我国城市污水治理具有十分重要的意义。

目前，我国城市污水治理模式很多是BOT模式、PPP（Public – Private – Partnership，公私伙伴关系）模式，但是这些模式也不是万能的，各种风险及缺陷也是显而易见的，再加上城市污水处理设施建设已经成为政府沉重的包袱，而企业偷排污水现象也是很普遍的。平衡各方利益关系的一种理性模式应该满足以下条件：在污水处理厂建设的融资上采取排污企业与政府共同出资建设；污水处理厂独立运营；各个股东按照股份的份额负责污水处理厂的各种风险；专业机构检测。在这种模式中，政府既是股东，又是执法者。污水处理成本转化为企业利润的新增长点，用从污水处理厂赚的钱来弥补企业处理污水的成本，基于利益共荣，企业之间会相互监督违规排污情况，弥补了政府监管漏洞和降低了监管成本。同时，这种模式也解决了附近企业建设污水处理系统成本巨大的问题，每次处理污水所需要缴纳的费用与购买污水处理设备的资金相比就显得微不足道了。

第三节 城市固体废物的处理

一、我国城市固体废物的相关概念界定

固体废物是指在生产、生活和其他活动中产生的丧失原有利用价值或者虽未丧失利用价值，但被抛弃或者放弃的固态、半固态和置于容器中的气态的物品、物质以及法律、行政法规规定纳入固体废物管理的物品、物质。固体废物主要具有以下几个特点：一是有一定的时间性和空间性。即固体废物是对应一定的科技条件下对于相对的过程和特定的人而言的，所以，也有将固体废物称为放错地方的资源。二是数量庞大、成分复杂。由于人们不可能完全利用和消耗从自然界所取得的资源，所以固体废物，几乎遍及日常工作生活的各个环节。特别是伴随着化工业的兴起，人们可以合成许多种自然界中原本不存在的物质，使得固体废物的成分愈显复杂。三是源头性且危害长远。相当部分的其他类型的污染是由于固体废物处置不当所致，所以说固体废物是其他污染的源头。另外固体废物对环境的污染是一个持久的过程，如一块被重金属污染的土壤可能上百年无法正常耕种。

我国要控制和防治产生污染的固体废物，主要包括工业固体废物、城市固废以及危险废物三类；其形态并不仅仅限于固态物质，还包括半固态废物、除排入水体的废水之外的液态废物和置于容器中的气态废物。

（一）生活垃圾

生活垃圾是指在日常生活中或者为日常生活提供服务的活动中产生的固体废物以及法律、行政法规规定视为生活垃圾的固体废物。城市生活垃圾是指城市中的单位和居民在日常生活及为生活服务中产生的废弃物，以及建筑施工活动中产生的垃圾，这两个定义的核心内容是一致的。城市垃圾按产生源可以分为八类：居民生活垃圾、清扫垃圾、商业垃圾、工业单位垃圾、交通运输垃圾、建筑

垃圾、医疗卫生垃圾和其他垃圾。一般而言城市生活垃圾按其来源通常进一步分类：机关、团体、学校和商业企业等单位产生的废弃物；街道保洁垃圾来自清扫马路、街道路面，主要成分是泥沙、灰土、枯枝败叶及商品包装物等。

（二）工业固体废物

工业固体废物是指在工业生产活动中产生的固体废物。工业固体废物处理和综合利用装备的工业产品产值发展速度会进一步加快，我国要积极发展高密度、高废渣掺加量、高保温隔热性能的煤矸石烧结空心砖和粉煤灰烧结空心砖、粉煤灰加气混凝土、粉煤灰蒸压砖以及其他报废制品，以减轻工业固体废物对环境的污染。从不同工业行业来看，矿业、电力蒸汽热水生产供应业、黑色金属冶炼及化学工业、有色金属冶炼及压延加工业、食品饮料和烟草制造业、建筑材料及其他非金属矿物制造业、机械电器电子设备制造业等产生量最大。从各行业单位固体废物产生量来看，矿业、电力蒸汽热水生产供应业、黑色金属冶炼业的产生量居于前一位。

（三）危险废物

危险废物是指除放射性以外的那些废物（固体、污泥、液体和用容器装的气体），由于它们的化学反应性、毒性、易爆性、腐蚀性或其他特性引起或可能引起对人类健康或环境的危害，例如，工业固体废物中有很多属于危险废物，城市生活垃圾中除医院临床废物外，废旧电池、废旧日光灯管、某些日用化工产品等都属于危险废物。不管它们是单独的或与其他废物混在一起，不管是产生的还是被处置的或正在运输中的，在法律上都称作危险废物。特别指出的是医疗固体废物，由于医疗废物是一种特殊的污染物，虽然与其他城市固体废物相比，其总量不大，但由于这类废物是有害病菌、病毒的传播源头之一，也是产生各种传染病及病虫害的污染源之一，我国把医疗废物列为危险废物，其处置正在受到严密控制和监管，并会逐步形成完善的处置系统。

二、我国城市固体废物的来源及其危害

（一）我国城市固体废物的来源

固体废物来自人类生产过程中的许多环节，固体废物分类方法很多，按形态

可分为固体和泥状废物；按组成可分为有机废物和无机废物；按来源可分为工业废物、矿业废物、城市垃圾、农业废物和放射性废物；按其危害状况可分为有害废物和一般废物。大多数分类是以产生源进行分类：分为产业固体废物、城市固体废物、有害固体废物和放射性的固体废物。城市固体废物来源主要有：居民生活产生的生活垃圾；商业、服务业经营的商服业垃圾；公共交通业经营产生的旅客生活垃圾；机关、企事业非生产活动的办公垃圾和企事业生活垃圾；城市设施维护性活动，例如街道、广场的保洁垃圾、城市路面保洁垃圾、城市公共绿地维护垃圾、建筑施工和拆毁、室内装修垃圾等；用于工业化生产的城市产生的工业固体废物。影响城市固体废物产生数量的因素主要有四个：

1.人口数量

人口对城市固体废物产生的影响基本是机械性的。它多数产生于城市居民生活活动消费环节，并与城市的消费活动强度有对应的比例关系。在一定的社会经济发展水平中，每个居民的消费数量是基本恒定的，但随着消费人口的增加，将使城市的消费活动强度增长，由此使城市固体废物的产生增加。

2.城市面积

一般认为城市面积与城市人口有严格的比值关系，面积与垃圾产生量的关系和人口与产生量的关系是一致的。城市面积的增大意味着城市物流活动容量的增长，因此会相应地增加固体废物产生量，虽然面积增加一般伴随着居民数量的增加，但两者的影响仍有一定的独立性。

3.城市间的经济发展水平差异

城市间的经济发展水平差异对城市固体废物组成的影响，在同一城市经济发展与城市固体废物组成变化的关系中体现一种稳定性。

4.经济发展水平

经济发展水平通过对城市消费的影响使城市固体废物的产生状况发展变化，对消费的影响除了总体数量因素以外，也会影响消费的结构因素。最后，消费模式也能影响城市固体废物数量的变化。例如民用燃料结构，商品包装化与一次性商品销售，以及建筑装修材料选用等。

（二）我国城市固体废物对环境造成的危害

长期以来，固体废物处置水平的落后，导致了严重的环境危害。现有的固体废物处理场的数量和规模远远不能适应固体废物增长的要求，大部分废物被简单填埋或露天堆放，对环境的当前和潜在危害很大，污染事故频出，污染日趋严重。我国城市固体废物对环境造成的危害主要体现在以下几个方面：

1.侵占大量土地资源，污染土壤

随着固体废物产生量的不断增加，目前未能处理的垃圾占用了大量宝贵的土地资源。由于我国固废资源化处理率很低，填埋场也没有很好地利用压实技术，同时固废需要大量地占用土地来消纳，使得一些固体废物填埋场未到设计使用年限就已填满，因此，人与固体废物争地现象日趋严重。

长期以来，我国许多地区的生活垃圾都集中堆放在城市郊区，挤占了大量土地，造成了土地的浪费。不仅如此，垃圾对土地的污染问题也越来越突出，集中表现在：生活垃圾中所含的有害物质会破坏土壤结构和土质。例如将废电池等随意丢放，其中含有的重金属元素会形成污染源，破坏土壤结构，影响土质，使土地不能耕种。一旦这些金属元素被植物、农作物吸收，这样的农作物长期被人类食用，最终产生的富集效应也会危害人类健康。堆放的垃圾经过长时间的日晒雨淋会产生出一些液态物质，这些物质中包含的致癌致病物以及其他污染物高达八十多种。

2.污染水体

把垃圾直接倾倒于河流、湖泊、海洋等水源中是一种消极的垃圾处理方法。这种处理方法造成严重的环境污染。垃圾未经处理进入水体后，直接影响水生动植物的生存环境，造成水质严重下降、水域面积减少等恶劣影响，而且这种水质污染是很难治理的。有些城市的护城河就是因为垃圾的污染发出恶臭味，水体颜色变黑。由此垃圾堆放场产生的污染物随地表流入附近水体，污染地表水，继而污染周围地下水，造成严重的水源污染。

3.污染空气

垃圾在填埋场或郊外长时间的自然露天堆放，经过太阳照射，下雨淋湿慢慢产生许多异味气体。异味会招来大量蚊蝇围绕，而气体中含有大量有毒有害物质，影响人体健康。这些垃圾分解出的气体是易燃易爆气体，容易引发危险事件发生。

4.严重危害人体健康

固体废物含有多种有害成分，在日晒雨淋及高温焚烧条件下又会产生多氯二苯并呋喃（PCDF）、二噁英(PCDD）等强致癌物质，这些含有有毒物质及病原体的固体废物严重污染大气、水体与土壤。城市生活固体废物在堆放场或填埋场中产生的大量沼气，具有易燃和易爆性，既对周围的大气环境造成污染，也成为爆炸和火灾的隐患。

固体废物处置不当造成的环境污染和土地资源的大量被占用，究其根本原因，在于我国固体废物的管理模式不能适应市场经济发展的需要，而且不能与"发展循环经济"理念接轨。有必要重新审视我国固体废物的管理模式和法律制度。对固体废物进行资源化管理，尤其要重视固体废物的源头分类，从源头减少产生，积极进行无害化处理和回收利用，防止污染环境。

三、我国城市固体废物污染防治法律对策的研究意义

（一）有利于指导实践解释和评价权力来源

城市固体废物法律内容庞杂，但仍需详细制定每一项标准，不能因为涉及面广，而对法律的漏洞予以认可。既然城市固体废物每天不断产生，又与人们生活息息相关，那么对其合理性的制定就有利于实现立法的有效性目的，使社会公众对提高生活质量的要求在法律上得到充分反映。

（二）有利于实现社会效益

在我国市场经济体制下，城市固体废物的市场调节还是一个盲区，原因在于市场追求利益使固体废物成为影响投入与产出比率的重要因素。尤其是在生产要素通过市场调节达到均衡之后，城市产出的固体废物是造成影响效益的关键。对于我国城市固体废物法律制度，亟待应用价值分析方法进行研究，从而判断其缺失，指导城市固体废物立法与执法实践。价值分析方法是指从某种价值入手，对法律进行分析、评价的研究方法，其追问的基本问题是"法律应当是怎样的"。这种分析方法以超越现行制定法的姿态，用哲人的眼光和终极关怀的理念，分析法律为何存在以及如何存在。

（三）有利于协调经济、社会与自然的关系

在统筹人与自然关系和谐发展的理论与实践中，要求法律的选择、制度的创

设都要以实现人的尊严和权利、满足人的物质和精神需要为出发点和落脚点。城市日趋扩大的今天，城市固体废物对市民生活起居的影响，要求人们对法律需求呈现出多元化的特征。对城市固体废物运用法律管理，循环利用城市固体废物，都是以人为本的实践表现，促进我国发展目标从传统的单纯追求经济增长转向全面发展、协调发展、可持续发展。

四、我国城市生活垃圾的污染

随着我国城市化进程的不断发展，人口的持续增长，城市生活垃圾也正在逐年增大。城市生活垃圾的产量受多方面因素的影响，与城市化水平、经济发展水平、人口数量、消费水平与结构以及气候特征等都有着密切联系。其中城市人口数量对城市生活垃圾的产量有着显著的影响，随着我国城市化进程的加快，城市人口会越来越多，在可预见的将来，我国的城市生活垃圾也面临着一个持续的增长期。数量庞大的生活垃圾在侵占了大量农田和土地的同时，还严重地污染了周围的大气，气体中的有毒气体更是能使人致癌、致畸。随着我国餐饮业的快速发展，食品垃圾的产量增长很快，相应带来的环境问题也日益严重。食品垃圾由于其成分复杂，尤其在高温季节容易滋生大量细菌，会直接传染给畜禽，进而对人体的健康造成威胁。

由于长期以来，我国在环境保护基础设施上的投入不足，人们的环保意识不强，大部分城市对于生活垃圾的管理工作还只停留在提高垃圾清运能力的阶段，垃圾的资源化、无害化处理还面临着资金的压力。因此如何协调城市生活垃圾管理中经济、社会、环境的关系，使之协调发展，就成为我们面临的重要问题。

（一）我国城市生活垃圾的基本特点

1.污染严重，占地面广，是一种强污染资源

垃圾资源本身含有多种有害成分，在日晒雨淋及高温焚烧条件下又会产生PCDD、PCDF等强致癌物质，这些含有有毒物质及病原体的垃圾严重污染大气、水体与土壤。垃圾资源不但污染强，而且占据的空间大。中国农民耕种了数千年的土地而能保持良好的生态环境，这在世界上完全可以自豪于过去，但却难以骄傲于未来。

2.成分复杂，可回收率逐渐增高，季节、地域差别大

我国垃圾资源组成复杂多样，一般包括：易腐有机物（厨余、草木）、灰土泥沙、纸类、塑料、金属、玻璃、织物等。随着材料科学的发展和消费水平的提高，垃圾成分更趋复杂，比例也发生了重大的变化：纸张、塑料和易腐有机物比例上升，灰渣比例急剧下降；可回收废物和可燃成分增多，垃圾的再利用价值增加。我国生活垃圾成分季节变化显著，春秋季以蔬菜、果皮为主，夏季以瓜皮、饮料包装物为主，冬季以煤灰为主。各地区由于经济发展水平，城市历史、文化和风俗以及城市管理措施等方面的不同，因此各个地域的垃圾成分也有明显的区别。

3.分布广泛，密集于城市

生活垃圾资源遍布于我国的每一个角落，但高度集中于城市，全国有2/3的城市处在垃圾包围之中，特别是大中城市，它们是高人口密度区和高生产密度区，也是高垃圾密度区。垃圾密集城市使其城市化水平较人口城市化水平更高，可见，中国城市是垃圾资源的主要载体。

4.生活垃圾杂乱丢弃，回收困难

由于我国的垃圾产生量巨大，环卫部门的清扫能力有限，许多中小城市的垃圾箱往往是满负荷运转，垃圾堆积而得不到及时处理，特别是夏天，未能及时清运处理的垃圾散发的恶臭和滋生的蚊蝇严重影响了居民的生活。同时，在城市的郊区特别是在广大的农村，由于长期的习惯和垃圾清运网络的有限，生活垃圾往往是门前屋后随意乱扔，靠大自然的自净能力"消化"垃圾。造成了在许多郊区和农村垃圾遍地，塑料袋到处飞的景况。

（二）我国城市生活垃圾的处理方式

目前，我国对生活垃圾的处理方式，主要有堆肥、填埋、焚烧以及回收再利用等四种。

1.填埋处理

填埋处理法在实际中采用得最多。该方法成本低，工艺简单，投资与施工费用低，但危害与副作用较大。首先长期侵占土地，而土地是不可再生的资源，城市周围理想的垃圾填埋场已经越来越少。其次，这种处理方式对土壤、地下水、大气等都会造成现实的影响和潜在的危险。特别是填埋场的渗沥水，由于没有进

行必要的收集和处理，导致了一些地区水源的严重污染。

2.堆肥处理

堆肥处理法是将垃圾中有机物与一定比例的无机物一起混合，控制一定条件让其在微生物的作用下，降解转化为稳定的腐殖物，成为可施于农田的改良肥料。易腐有机物是垃圾的主要组成部分，约占垃圾总量的50%。利用有机物的好氧发酵原理可以有效地使垃圾中的易腐有机物迅速稳定化并大幅度地降低了含水率，经过好氧发酵，可有效地杀灭垃圾中的病原体，产生一定的肥效、达到无害化指标、性质稳定的堆肥产品。垃圾堆肥技术在我国农业的发展历史上有过非常重要的地位，但是在现代化肥工业出现后，其弊病就显示出来了：垃圾堆肥处理周期较长，肥效低，使用量大，含有较多的杂质，并且容易造成二次污染。

3.焚烧处理

随着全球经济一体化，许多发展中国家能源结构的转变，出现了世界性的能源危机。同时，随着人们生活水平的提高，垃圾成分发生了很大的变化，垃圾中纸类、塑料类、织物类、植物类的含量逐渐增加，使得垃圾具有较大的体积和较高的热值。利用一些垃圾可燃成分含量高，热值高的特性，将垃圾焚烧，并收集焚烧产生的热能加以利用，不仅可以缩小垃圾的体积和质量（减重一般达70%，减容一般达90%），而且可以实现能源的再循环，是一种切实可行的垃圾资源化方法。尤其是在我国东部沿海地区的许多城市，土地资源非常宝贵，焚烧处理成为这一地区生活垃圾的重要手段。其缺点在于：建设投资和运行费用较高，尾气排放的有害气体以及燃烧时产生的巨大噪声带来了二次污染。

4.回收再利用

回收再利用法首先必须分类，由于种种原因，目前我国垃圾在回收前分类很难实现，绝大多数的回收再利用是通过两种途径实现的：一是居民在投放垃圾前，把可以回收的垃圾（如各类金属，纸张，塑料，玻璃等）分拣出来，集中出售给废品收购网点或中间商贩，由他们运抵垃圾回收企业循环再利用。二是由为数众多的"拾荒人"在街头巷尾以及各垃圾收集、堆放点拾取、分拣各类可回收的垃圾，将其出售给废品回收网点或者直接运送到垃圾回收企业，实现垃圾的回收再利用。

（三）城市生活垃圾资源化处理新技术

1.热解法

热解法是目前国内外城市生活垃圾资源化处理的新发展方向，高温分解垃圾。热解垃圾处理厂将主要负责废旧轮胎、塑料、油漆涂料等特殊垃圾的处理，具有选择性。其处理过程是将这些垃圾放置在一个完全密封的炉膛内，并将炉内温度加热至四五百度。在高温及缺氧情况下，这些垃圾中的有机物被高温分解成固体垃圾和热气两部分。固体垃圾主要是矿物类物质及碳化物。经过冷却清洗分层后，固体垃圾中的各种金属将被分离出来，由此产生的焦炭也可被重复利用，产生的热气将转化为油脂或直接加热于热解炉。与焚烧炉相比，热解炉释放的废气总量将大大减少。另外，由于采用过滤设备过滤废气，热解炉所释放废气中，污染物质将得到很好的控制。

2.利用城市垃圾因地制宜地堆积成山，人工制造美丽风景

利用城市垃圾因地制宜地堆积成山，人工制造美丽风景不仅有效地消除大量垃圾，而且还能为城市居民增加休闲景区。以河南和山西为例，两省都有利用城市建筑垃圾堆建而成的公园，被称为垃圾公园。这种堆山造景方式绿色环保，弥补了本地区无青山绿水的缺憾，消纳了大量的城市垃圾，同时在公园堆积的山石上栽植各类苗木，起到净化空气、美化环境的效果。变垃圾为美景，为子孙后代留一片青山绿水，体现了可持续发展和以人为本的理念，值得更多的地区学习推广。

3.生物工程综合处理新技术

生物工程是20世纪70年代初开始兴起的一门新兴的综合性应用学科。所谓生物工程，一般认为是以生物学（特别是其中的微生物学、遗传学、生物化学和细胞学）的理论和技术为基础，结合化工、机械、电子计算机等现代工程技术，充分运用分子生物学的最新成就，自觉地操纵遗传物质，定向地改造生物或其功能，短期内创造出具有超远缘性状的新物种，再通过合适的生物反应器对这类"工程菌"或"工程细胞株"进行大规模的培养，以生产大量有用代谢产物或发挥它们独特生理功能一门新兴技术。

生物工程综合处理新技术为利用生物手段结合再生回收、填埋或焚烧对城市生活垃圾进行综合处理的新型技术。此项技术主要包括垃圾分类挑拣、再生回

收、垃圾的微生物工程发酵、质量检测、填埋或焚烧再各自处理等步骤。通过此项技术的综合处理，不同的垃圾被分别制成再利用物质，可以收到好于任何一种垃圾处理技术的经济效益、环境效益及社会效益。

结束语

就我国目前社会发展的形势来看，信息化是一项大趋势，所以社会中的各行各业以及城市环境保护工作都要朝着信息化方向发展。与此同时，在不断提高我国科技水平的同时，让我国环境保护的相关工作逐渐实现信息化。目前国外的许多城市已经实现了信息化的环境保护管理，但是我国目前对于这方面的研究还是比较少的，所以加深这一方面的研究，对于我国的发展是十分关键的。在今后，我们应该加大对信息化技术的研究，将该技术应用到城市环境管理与保护的实践之中，使城市环保工作变得更加有效，进而提高我国城市环境的建设与发展。

参考文献

[1]陈芳.我国城市环境污染现状及治理措施[J].皮革制作与环保科技，2022，3（09）：117-119.

[2]秦炳涛，黄贵伟.隐性经济视角下环境规制对中国城市环境污染的影响——基于地级市经验证据的分析[J].科技和产业，2022，22（02）：49-55.

[3]胡少华.城市环境污染评价及区域差异分析[J].决策咨询，2019（06）：70-75.

[4]许朋.城市环境污染的监测与治理技术分析[J].中国标准化，2019（24）：235-236.

[5]周雯珺，袁正芳.城市环境污染评价模型及治理途径研究[J].价值工程，2019，38（11）：153-155.

[6]刘雨，叶春森，宋家书，等.绿色包装对城市环境污染的影响研究[J].绿色科技，2019（06）：72-74.

[7]李晓华.城市环境工程如何降低污染治理成本[J].科技创新与应用，2016（06）：157.

[8]李红英.我国城市环境污染治理财税政策研究[J].合作经济与科技，2016（03）：172-173.

[9]杜雯翠.信息化能否降低城市环境污染?[J].首都经济贸易大学学报，2016，18（02）：116-122.

[10]井静.城市环境污染与防治[J].时代金融，2015（18）：186-192.

[11]蔡顺兴.场所转向[M].南京：南京东南大学出版社：东南大学艺术学优势学科建设学术文库，2020.416.

[12]秦海旭.城市环境总体规划技术方法与实践[M].南京：南京大学出版社：2020.457.

[13]李江. 转型期深圳城市更新规划探索与实践[M].南京：南京东南大学出版社：2020，197.

[14]陈罡.城市环境设计与数字城市建设[M].南京：江西美术出版社：2019.215.

[15]徐小东，王建国.绿色城市设计[M].南京.南京东南大学出版社：城市设计研究丛书，2018.246.

[16]童乔慧，董维敏. 历史建筑保护的BIM技术应用[M].南京：南京东南大学出版社：2018.162.

[17]肖晓丹. 欧洲城市环境史学研究[M].成都：四川大学出版社：四川大学外国语学院学术文丛，2018.289.

[18]周冯琦，程进，嵇欣. 全球城市环境战略转型比较研究[M].上海：上海社会科学院出版社：中国绿色发展：理论创新与实践探索丛书，2016.245.

[19]李江，胡盈盈.转型期深圳城市更新规划探索与实践[M].南京：南京东南大学出版社：2015.206.

[20]蔡志昶. 生态城市整体规划与设计[M].南京：南京东南大学出版社：2014.303.